JN295291

誕生と変遷にまなぶ
熱力学の基礎

富永 昭 著

内田老鶴圃

本書の全部あるいは一部を断わりなく転載または複写(コピー)することは,著作権および出版権の侵害となる場合がありますのでご注意下さい.

まえがき

　熱力学は，やさしいという人と難しいという人との両極端に分かれているように見えるが，やさしいか難しいかの判断基準はあまり明確ではない．1つの判断基準は数学だろう．物理では数式による記述が多いので，物理を学ぶには数学という言語を理解する必要がある．熱力学はやさしいという人は熱力学の教科書に現れる数学がやさしいということを指しているのだろう．著者にとっては学生時代に熱力学の講義がなかったに等しい．統計力学の授業の第1回目の前半45分で熱力学に現れる変数変換の規則を学んだだけである．数学的にやさしいから大学で講義するほどのことはないと判断したのだろう．著者の見解では，熱力学の教科書に現れる数学はやさしいが，熱力学の内容は難しい．

　熱力学と電磁気学とは二大現象論といわれている．いずれも現象論だから経験事実や実験事実に基づいて帰納的に発展してきた．現代では，エレクトロニクスの発展のおかげで電磁気現象は容易に観測できるので，電磁気現象についてはイメージが作りやすい．しかし熱力学現象については観測手段があまり進歩していないので，観測が難しく，熱力学現象についてはイメージがぼやけてくる．イメージがはっきりしないと，数学的にどんなにやさしくてもわかった気がしない．

　エントロピーは熱力学の基本概念の1つなのでエントロピーを使わずに熱力学書を書くことができないが，エントロピーは実感を持ちにくい．エントロピーと聞いただけで背筋の寒くなる人が多いのは，世の中にエントロピー計が存在しないことがその一因だろう．

　書店に並んでいる熱力学書を立ち読みしてみるとエントロピーの導入に苦労していることがわかる．エントロピーの導入には2つの流儀が見受けられる．最近の多くの教科書で採用されている流儀では，統計力学的エントロピーを導入してから，統計力学的エントロピーを熱力学のエントロピーに置き換える．粒子論的自然観に慣れ親しんでいる現代人にとってはこの流儀が受け容れやす

いのだろう．この流儀ではエントロピーが統計力学以前に導入された概念であることを忘れがちであり，統計力学的イメージとの接続がなされていない概念を捨て去る傾向がある．古い教科書で採用されている流儀では，移動量としての「熱」をあたかも状態量のように扱うことでエントロピーを導入し，その後でエントロピーは状態量だが「熱」は状態量ではないことを強調する．この流儀では「熱」が状態量ではないとするなら「熱」はどのような量なのかについては述べない習慣がある．これは奇妙な習慣である．

通常の熱力学書は平衡系の熱力学を紹介しているが，非平衡系の熱力学書もある．非平衡系の熱力学書では平衡系の熱力学を予備知識として，平衡系の熱力学を非平衡系に拡張するのが普通である．しかし科学史を繙くと，熱力学は主に熱機関という非平衡系を対象として進歩し，平衡系の熱力学は非平衡系の熱力学から誕生したことがわかる．難解といわれるエントロピーも非平衡系の熱力学的研究の中でクラウジウスが導入し，その後に平衡系の熱力学が誕生した．平衡系の熱力学のこのような位置づけがないと，エントロピーを天下りさせるか，統計力学的エントロピーで代用せざるを得ないのだろう．自然科学上の基本概念は他の概念を使って定義することはできないので，歴史を背負った概念として捉えなければならない．公理系を出発点とする数学と自然科学との大きな相違である．長い歴史を背負った基本概念を歴史的事情を省略して簡潔に導入することはかなり難しい．

通常の熱力学書でもカルノー，トムソン，クラウジウスの業績に言及しているが，平衡系の熱力学の立場で言及している．平衡系の熱力学が誕生する前の非平衡系の熱力学を平衡系の熱力学の立場で言及することは奇異である．平衡系の熱力学がない時代に先達が何をどのように考えたのか振り返ってみると新しい展望が開けてくるだろう．

本書では生活概念としての熱流を出発点として，エントロピー流を導入し，最後にエントロピーを導入する．この意味で本書は通常の熱力学書を読む前に予備知識として読んでほしい．通常の熱力学をすでに勉強した人にとっても，本書は熱力学を見直すきっかけとなるだろう．

本書では熱流やエントロピー流だけでなく仕事流やエネルギー流などの見慣

れない言葉が出てくる．このような移動量は非平衡系を議論するのに欠かせない．平衡系の熱力学では状態量が主役であり，移動量は脇役に留められるが，非平衡系の熱力学ではどちらかといえば移動量が主役である．さらに移動量だけでなく生成量も出現する．いずれも馴染みの薄い言葉なので，何度も遭遇して慣れてもらうしかない．このために繰り返しの多いかなりくどい本になったが，通読するのは容易だろう．

第6章で熱電気現象を取り上げた．熱電気現象は微視的立場で議論されることが多いが巨視的に扱ってみた．移動量に慣れるためと非平衡系の熱力学の具体例としてふさわしいと思うからである．

平衡系の熱力学で扱う平衡状態は現実にはまず存在しない．身の回りの自然現象に目を向けてすこし考えを巡らすと身の回りには非平衡の熱力学現象が満ちあふれていることに気づく．巷では地球温暖化が問題とされているが，地球温暖化も非平衡熱力学現象の一つだろう．地球温暖化に真剣に取り組むなら，非平衡系の熱力学を進歩させる必要がある．そうしないと本質的な対策が出てこないだろう．

青春時代にC.P.スノー著「二つの文化と科学革命」（松井巻之助訳，みすず書房，1960）を読んだことがある．標題の二つの文化とは文科系の文化と理科系の文化を指し，二つの文化が互いに他の文化を理解しないと危機的状況に陥ることを指摘している．科学革命はむしろ技術革新であり，二つの文化が乖離した状況で進行する技術革新の恐ろしさを予言しているようにも見える．この書の中に次の文がある．

> 私はよく（伝統文化のレベルからいって）教養の高い人たちの会合に出席したが，彼らは科学者の無学について不信を表明することにたいへん趣味をもっていた．どうにもこらえきれなくなった私は，彼らのうち何人が，熱力学の第二法則（略）について説明できるかを訊ねた．答えは冷ややかなものであり，否定的でもあった．私は「あなたはシェークスピアのものを何か読んだことがあるか」というのと同等な科学上の質問をしたわけである．もっと簡単な質問「質量，加速度とは何か」（これは「君は読むことはできるか」というのと科学的に

同等である）をしたら，その教養の高い人びとの十人中の幾人かは私が彼らと同じ言葉を語っていると感じたろうと，現在，思っている．このように現代の物理学の偉大な大系は進んでいて，西欧のもっとも賢明な人びとの多くは物理学にたいしていわば新石器時代の祖先なみの洞察しかもっていないのである．

現代でも，科学を知らないことを誇りとしているかのように見える文化人に遭遇することがある．新石器時代の人びとと会話を愉しむのは容易ではない．本書では，熱力学の第二法則について著者の見解を述べた．どちらの文化圏に属する人にも読んでほしい．文科系の文化圏の人には慣れない数式が出てくるが，理科系の文化圏の人に通訳してもらうか，数式を読み飛ばしてほしい．

2003年10月

富 永　昭

目　　次

まえがき ……………………………………………………………………… i〜iv

第 1 章　熱学と熱力学の始まり …………………………………… 1〜23
1.1　生活用語としての「熱」や温度に関わる言葉　1
1.2　温度と「熱」の分離　3
1.3　熱　　　学　7
1.4　蒸気機関の出現　11
1.5　熱力学の始まり　13
　　 1.5.1　カルノーの問題設定　13
　　 1.5.2　カルノーの前提条件と発明　14
　　 1.5.3　カルノーの発見　16
　　 1.5.4　クラウジウス-クラペイロンの式　18
　　 1.5.5　カルノー-クラペイロンの定理　20
1.6　熱力学の目標とサイクル　21
1.7　ま　と　め　22

第 2 章　熱力学第一法則の誕生 …………………………………… 25〜52
2.1　時 代 背 景　25
2.2　熱の仕事当量　27
　　 2.2.1　カルノーとマイヤーとホルツマンの「熱の仕事当量」　28
　　 2.2.2　ジュールの「熱の仕事当量」　30
2.3　熱力学第一法則の誕生　32
　　 2.3.1　ヘルムホルツ　33
　　 2.3.2　クラウジウスとトムソン　34
　　 2.3.3　飽和水蒸気の比熱の問題　35

- 2.4 熱力学第一法則　*37*
- 2.5 原動機の効率とヒートポンプの成績係数　*43*
- 2.6 基本概念とイメージの変更　*45*
  - 2.6.1 基本概念の変更　*45*
  - 2.6.2 イメージの変更　*46*
- 2.7 新しい問題　*49*
- 2.8 まとめ　*51*

第3章　熱力学第二法則の誕生 ……………………………53〜69
- 3.1 熱力学第二法則の提唱　*53*
- 3.2 「変換の当量」の法則　*55*
- 3.3 クラウジウスの不等式　*62*
- 3.4 熱機関のイメージ　*65*
- 3.5 まとめ　*68*

第4章　熱力学的温度と温度目盛 ……………………………71〜81
- 4.1 気体の性質　*71*
- 4.2 熱力学的温度の導入　*72*
  - 4.2.1 氷の融解曲線　*72*
  - 4.2.2 熱力学的温度の提唱と定義　*73*
- 4.3 熱力学的温度目盛の定義と実現　*75*
  - 4.3.1 熱力学的温度目盛の定義　*75*
  - 4.3.2 熱力学的温度目盛の実現　*76*
- 4.4 クラウジウスの不等式の再導出　*79*
- 4.5 まとめ　*81*

第5章　エントロピー流とエントロピー流増大則 ……………83〜103
- 5.1 エントロピー流　*83*
- 5.2 基本法則の新しい表現　*85*

目　次　　　　　　　　　　vii

5.3　エントロピー流増大　*88*
　　5.3.1　一様温度の場合　*88*
　　5.3.2　定常熱伝導の場合　*88*
　　5.3.3　熱機関の場合　*90*
5.4　クラウジウスの議論との関係　*92*
5.5　エントロピー流増幅率　*93*
　　5.5.1　定常熱伝導の EAC　*94*
　　5.5.2　熱機関の EAC　*94*
5.6　基本概念の変更　*95*
5.7　熱力学の世界　*98*
5.8　ま　と　め　*101*

第6章　熱電気現象の熱力学 …………………………105〜131

6.1　熱電気現象の発見　*105*
6.2　ゼーベック効果　*106*
　　6.2.1　熱　起　電　力　*106*
　　6.2.2　ゼーベック係数　*108*
　　6.2.3　仕事流と仕事流の変化　*109*
6.3　ペルティエ効果　*111*
6.4　トムソン効果　*113*
6.5　導線の温度分布　*115*
6.6　ゼーベック係数，ペルティエ係数，トムソン係数の間の関係　*116*
　　6.6.1　トムソンの第一関係式　*116*
　　6.6.2　エントロピー流増大則　*118*
　　6.6.3　電流と熱流の関係　*120*
6.7　標準導体：超伝導体　*121*
6.8　熱電気現象の応用　*123*
　　6.8.1　熱電気発電の EAC　*125*
　　6.8.2　熱電気冷凍の EAC　*126*

6.8.3　導体Bが超伝導体ではない場合　*127*
　　6.8.4　熱電気現象の応用例　*128*
6.9　ま　と　め　*130*

第7章　エントロピー流増大最小の法則 ……………………… *133〜149*

7.1　熱機関とエントロピー流増大　*133*
　　7.1.1　ヒートポンプのエントロピー流増大　*133*
　　7.1.2　原動機のエントロピー流増大　*135*
　　7.1.3　熱機関の動作原理　*136*
7.2　局所的エントロピー流増大　*137*
7.3　発熱量最小の法則　*140*
　　7.3.1　動 摩 擦 力　*140*
　　7.3.2　アラゴーの回転円盤　*141*
　　7.3.3　抵抗の並列接続　*144*
　　7.3.4　太い導線中の電流分布　*144*
7.4　エントロピー流の湧き出し最小の法則　*146*
7.5　ルシャトゥリエ-ブラウンの法則　*148*
7.6　ま　と　め　*149*

第8章　エントロピーとエントロピー増大則 ……………… *151〜169*

8.1　は じ め に　*151*
8.2　新しい示量性状態量：エントロピー　*151*
8.3　平衡状態と準静的変化　*155*
8.4　第一種理想気体のエントロピー　*157*
8.5　エントロピー増大則　*160*
8.6　ま　と　め　*169*

第9章　エントロピー生成 ……………………………………… *171〜189*

9.1　は じ め に　*171*

9.2 エントロピー流増大則　*171*

9.3 エントロピー流増大則の新しい表現　*173*

9.4 エントロピー増大則の新しい表現　*174*

9.5 熱力学第二法則　*176*

9.6 局所的エントロピー生成率　*177*

9.7 仕事浴と熱浴　*178*

9.8 可逆変化と不可逆変化　*180*

9.9 平衡状態と非平衡状態の区別　*181*

9.10 エントロピー生成最小の法則　*182*

9.11 新しい基本概念　*183*

9.12 まとめ　*186*

第10章　熱力学の基本的枠組み　……………………*191〜204*

10.1 熱力学の基本法則　*191*

  10.1.1 示量性状態量と移動量と生成量　*191*

  10.1.2 保存則と熱力学第一法則　*192*

  10.1.3 熱力学第二法則とエントロピー生成最小の法則　*193*

10.2 熱力学第一法則と熱力学第二法則との関係　*195*

  10.2.1 定常状態　*195*

  10.2.2 周期的定常状態　*197*

10.3 状態量と部分系　*200*

10.4 平衡状態と非平衡状態　*201*

10.5 さまざまな熱力学　*202*

索　引　……………………………………………*205〜208*

第1章
熱学と熱力学の始まり

「熱」に関わる現象は身近にあるにもかかわらず，「熱」に関わる科学は，力学や光学とくらべるとその始まりはかなり遅い．自然科学は現象を観測することから始まり，基本概念を捉え，基本概念に関わる基本法則を捜し出す．観測結果が多すぎると観測結果を整理するだけでも大変だ．「熱」に関わる現象は身近すぎて，生活体験として多くの経験事実がある．また日常生活で慣れ親しんだ多様な現象は，当り前のことであってなかなか不思議だと思わないし，多様な現象の間に共通項を見いだし単純化することも容易でない．それにもかかわらず「熱」と呼ばれる素朴な概念がある．この「熱」概念を検討することから始めよう．

1.1　生活用語としての「熱」や温度に関わる言葉

捉えようがないように見える「熱」や温度をなんとかして捉えるために，「熱」に関わる言葉を調べて，「熱」に伴うイメージを整理してみよう．

生活用語には寒暖・冷温の目安としての温度がある．我々は寒暖計で気温を測り，体温計で体温を測る．温度に関わる生活用語には，「保温」，「保冷」という言葉がある．いずれもある設定温度の状態に保つという意味である．ここに「状態量としての温度概念」がある．設定温度が外界（外気温）より高いと保温と呼ばれ，低いと保冷と呼ばれる．冷蔵庫は保冷のための道具であり，設定温度により，氷温冷蔵とか冷凍庫とも呼ばれる．

次に「熱」に関わる生活用語を調べ，生活実感としての「熱」を調べよう．

まず「加熱」，「加温」という生活用語がある．加熱は着目している物体に「熱」を与えるという意味である．その結果多くの場合に温度が上昇するので，

加熱と加温とはあまり区別されることがない．「加熱」という言葉には何か「熱」と呼ばれる実体があって，これを付け加えるというイメージが伴う．

　「減熱」や「減温」という言葉はないが，料理用語では「あら熱をとる」という言い方がある．「減熱」や「減温」の代わりに「冷却」，「冷やす」がある．「あら熱をとる」という表現にも「熱」と呼ばれる実体があって，これを取り除くというイメージがある．

　「熱伝導」という言葉もある．この言葉にも「熱」と呼ばれる実体があって，これが移動するというイメージがある．よくいわれることだが，「熱」は，熱伝導により，温度の高いほうから低い方へ流れる．これは「熱」とは移動したり伝わったりする何かであることを意味している．

　食材から「熱」を奪って凍らせるのが「冷凍」であり，逆に冷凍食品を「加熱」して融かすのが「解凍」である．「放熱」と「吸熱」がある．「熱」を何かに逃がすのが「放熱」であり，「熱」を何かからもらうのが「吸熱」である．ここでも我々は「熱」を移動する量として認識していることになる．

　「輻射（あるいは放射）熱」という言葉もある．寒い冬でも焚き火をすると暖かく感じる．火でなくても，熱い物体の近くにいると暖かく感じる．直射日光も暖かく感じる．つまり熱い物体と直接的には接触していなくても，「熱」の移動がある．これが輻射（あるいは放射）熱である．星のきれいな天気のよい夜には放射冷却でよく冷える．昼間は太陽からの放射熱で気温が上昇し，夜間には放射冷却で気温が下がる．太陽熱温水器は太陽からの放射熱で水を温める装置である．

　このように我々は「熱」に「移動量としての熱」というイメージを持っている．生活用語とは言い難いが，「伝熱」という言葉があり，伝熱工学という専門分野もある．「断熱材」という言葉もある．「熱」の移動を妨げる目的で使われ，建築材料ではガラスウールや発泡樹脂がよく使われる．「断熱材」とは，おそらく「伝熱」を断つ材料という意味で作られた言葉だろう．

　「移動量としての熱」というイメージに含まれている「熱」と呼ばれる実体は何だろうか．

　「移動量としての熱」とは別に「発熱」という言葉がある．木と木をこすり

合わせて「摩擦熱」を発生させることもある．マッチは摩擦熱を使って点火する．電気ヒーターでは電気を使って「熱」を発生させる．焚き火では落ち葉などを燃やして「熱」を発生させる．最近の懐炉は鉄粉を燃やして「熱」を発生させる．冷凍食品を解凍するさいに電子レンジを使うことがある．この場合には電波を使って冷凍食品の中で発熱させている．「誘導加熱 (induction heating)」という言葉もある．電磁誘導現象を使って物体内部で「発熱」させるのが誘導加熱である．電磁調理器では誘導加熱を使うことで鍋自体が「発熱」する．

ここに「生成量としての熱」のイメージがある．このイメージに含まれている「熱」と呼ばれる実体は何だろうか．また，この「熱」と「移動量としての熱」というイメージに含まれている「熱」と同じモノなのか，あるいは異なるモノなのか．

生活体験の中の「熱」には「移動量としての熱」と「生成量としての熱」とが存在するが，「消滅量としての熱」はない．熱は生成したり流転するが消滅しないといってもよいだろう．このことは「熱」の大切な性質である．

「冷凍」，「解凍」，「加熱」などの料理用語や熱処理用語は温度を変えることも意味している．熱処理では温度変化に要する時間も大切であり，「徐冷」，「急冷」，「急速冷凍」，「急速加熱」などの言葉もある．刃物の焼き入れでは温度変化に要する時間が特に大切である．

このように生活用語から考えても，熱現象に関わる概念には，「状態量としての温度」と「移動量としての熱」と「生成量としての熱」とがある．この3つの概念がもっとも直感的な経験概念である．また，状態変化の速度としての時間概念も動的な熱現象を理解するには欠かせない．「消滅量としての熱」が存在しないことも忘れてはならない．

1.2　温度と「熱」の分離

18世紀中頃まで「熱」と温度とは混同されてきた．17世紀にガリレイ（G. Galilei, 1564-1642）が発明した空気温度計は病気の診断にも使われ，その後

イタリアで空気温度計より使いやすい液体温度計が作られた．18世紀になるとファーレンハイト（G. D. Fahrenheit, 1686-1736）が華氏温度目盛を提唱し(1724)，セルシウス（A. Celsius, 1701-44）が摂氏温度目盛を提唱した(1741-42)．華氏温度目盛は，水・氷・塩の混合体で得られる最低温度を0°Fとし，羊の体温を100°Fとする温度目盛である．摂氏温度目盛は水の氷点を0°Cとし，水の沸点を100°Cとするものである．このように，18世紀前半には，温度計の進歩に伴い液体や固体の熱膨張率が測定され，温度定点の概念も出てきた．それにもかかわらず，熱と温度とが異なる概念であるとは認識されていなかった．ニュートン（I. Newton, 1642-1727）の力学書『プリンキピア』の初版が17世紀後半に出現したことと対比すると，熱現象に関わる学問がどんなに遅れていたかがわかる．

　18世紀前半の重要な実験が2つある．ファーレンハイトの実験とマーチンの実験とである．ファーレンハイトの実験では，同体積の水銀と水とを混合すると，混合後の温度は混合前の水銀と水の温度の算術平均よりも水の温度に近いことが明らかにされた．マーチンの実験では，形も体積も同じ2つのガラス瓶を用意し，それぞれのガラス瓶に水銀と水を入れた．両者を熱源から等距離におくと，両者の温度上昇には差があり，水銀のほうが温度上昇が速かった(1739)．

　この2つの実験結果は，当時の考え方と矛盾した．当時は，重いものほど加速されにくいように，重いものほど温度変化に時間がかかる，と考えられていたのである．

　この時代に熱現象の科学の第一歩を歩み始めたのがブラック（Joseph Black, 1728-99）である．ブラックはフランスのボルドーで酒造家の息子として生まれたスコットランド系の英国人である．炭酸ガスを空気から分離したり，化学研究に定量的手法を導入したことで，高く評価されている．ブラックとドイツの哲学者カント（I. Kant, 1724-1804）と日本の平賀源内（1728-79）は同時代の人である．

　ブラックは熱学の出発点を熱平衡の概念とその吟味に求めた．「熱」の平衡の概念は，何か別の原理から導き出されるものではなく，実験によって得られ

1.2 温度と「熱」の分離

る，との視点に立ち，熱平衡の概念を把握するために，熱平衡が達成されたと判定する実験的プロセスを吟味した．その結果，熱平衡とは温度平衡にほかならないことに気づいた．熱平衡とは温度計の指示値が等しいということでしかない．すなわち熱平衡では温度が一様である．このことは現代では熱力学第零法則と呼ばれている．

同じ温度の水が入っている2つのコップを用意する．両者を1つのコップに移して混合しても温度は変わらない．したがって温度は物質の量とは関係がない．物質の量とは関係がない量を示強性の量という．

こうして温度は熱平衡を特徴づける示強性のパラメーターの1つとなるとともに，生成したり流転したりするが消滅することのない「熱」とは一線を画すことになった．

次にブラックは熱容量という概念を導入した．物質を「加熱」したり「冷却」すると温度が変化する．このときの温度変化の速さは物質によるが，それぞれの物質には質量とは別に物質固有の熱容量という量があり，熱容量の大きいものほど温度変化が小さい，と考えた．つまりブラックの熱容量は経験事実の直接的概念化である．熱容量も実験によってのみ捕捉でき，ファーレンハイトの実験やマーチンの実験は，水銀よりも水のほうが熱容量が大きいことを示している，と考えた．実験によれば熱容量は必ずしも質量に比例しない．

ブラックの熱容量概念を定式化すると，熱容量 C の物体の温度が $\Delta\theta$ だけ増す場合にはこの物体に

$$\tilde{Q}_{in} = C\Delta\theta$$

だけの熱流入がある．マーチンの実験では，2つの物質 A，B で熱流入量は同じだが，熱容量が異なるので，温度上昇 $\Delta\theta$ の大きさが異なり

$$C_A\Delta\theta_A = C_B\Delta\theta_B$$

の関係がある．ファーレンハイトの実験では，一方の物体から，他方の物体へ「熱」が移動するので

$$C_A\Delta\theta_A = -C_B\Delta\theta_B$$

の関係がある．いずれにしても，測定できるのは温度変化 $\Delta\theta$ だけだから，熱容量そのものは決まらない．決まるのは熱容量の比だけである．

ブラックは多くの物質についてファーレンハイト流の混合実験を行い，熱容量の比を求めている．より正確にいうと，液体の水を基準物質として，他の物体の熱容量が水の熱容量の何倍になるかを測定している．

　最後にブラックは潜熱という概念にたどり着いた(1762-64)．蒸発による冷却の問題，ウイスキー製造の際の熱の経済の問題などを考察し，春先の雪融けの過程と対比して，温度変化のない「熱」の出入りがあることを認識した．固体から液体に相変化するときや液体から気体に相変化するときには，温度変化はないが「熱」を吸収する．逆に，気体から液体に相変化したり，液体から固体に相変化する際には「熱」を放出する．つまり相変化する際には温度変化のない「熱」の出入りがある．温度変化のない「熱」の出入りを潜熱と呼んだ．相変化がない場合には「熱」の出入りには温度変化を伴うので，潜熱と対比して顕熱と呼ばれることもある．

　砂漠で生活している民族は，水を素焼きの水瓶に蓄えておくと，水瓶の中の水は外気温よりも温度が下がることを生活体験として知っている．水瓶が素焼きなので，水瓶の表面に滲み出してきた水が蒸発する．この際の気化の潜熱（気化熱）で水瓶が冷えると考えればよい．

　ブラックの潜熱概念を定式化すると，潜熱 L の物質が Δm だけ相変化する場合の「熱」の出入りは

$$L\Delta m$$

である．

　こうしてブラックにより，温度と「熱」とが分離され，「熱」は顕熱と潜熱とに分類された．ブラックは移動量としての「熱」に着目し，「熱」の移動に伴う物質の状態変化と結びつけたことになる．

　ブラックによる，熱平衡を特徴づける示強性パラメーターとしての温度概念，顕熱・潜熱概念は，何か別の原理から演繹的に導かれた概念ではなく，経験事実から帰納法により獲得された概念である．

　ブラックにより始まった「熱」の科学はその後，熱学と熱力学に発展した．

1.3 熱　　学

　ニュートンの力学がオイラー（L. Euler, 1707-83）によりさらに発展させられたように，ブラックの潜熱・顕熱概念も，大陸のラヴォアジェ（A. L. Lavoisier, 1743-94），ラプラス（P. S. Laplace, 1749-1827），ポアソン（S. D. Poisson, 1781-1840）等に受け継がれて，熱学として発展し，解析的熱量学（Laplace, 1824）として結実した．この時代は音楽の世界ではモーツアルト（W. A. Mozart, 1756-1791）やベートーベン（L. Beethoven, 1770-1827）が活躍した時代である．

　日本では同時代の人に大田南畝（1749-1823），喜多川歌麿（1753-1806），稲村三伯（1758-1811），華岡青洲（1760-1835）がいる．地動説には本木良永の訳書「太陽究理了解説」（1792）があり，惑星，視差などの訳語が作られた．江戸の司馬江漢（1747-1818），浪速の山片蟠桃（1748-1821）が地動説の普及に努めた．1802年には志筑忠雄（1760-1806）が「暦象新書」の名で「プリンキピア」の注解書を作り，その中に現在でも使われている重力，求心力，遠心力，楕円などの訳語が出てくる．伊能忠敬（1745-1818）が隠居後に西洋天文学・西洋数学・天文観測学・暦学を勉強し，江戸から蝦夷までの精密測量を始めた動機は地球の大きさを決めることだった．江戸市中程度では測定精度が足りないので蝦夷までの測定を必要とし，幕府の許可を得た．すでに日本にも測定誤差の概念があったことがわかる[注1]．昼は地上で3角測量を行い，夜は天体観測を行って緯度を測定した．江戸幕府の命令で全国測量を行った伊能の測定精度は高かったので，測定結果をそのまま平面地図にするとうまくつながらない．伊能の後継者達が球面上での測定結果を平面に投影することできちんとつながる地図になりようやく幕府に納めることができた（1821）．

　熱学の目標は物質の状態変化の解明にある．物質の状態変化にはどのような

[注1]　同じ頃にガウス（1777-1855）は誤差論で馴染みの最小二乗法の考えを確立し使っている．

規則性があるのかを追求したので，熱学は物質科学の一分野である．

熱学の基本概念には，温度，体積，質量だけでなく，化学者ラヴォアジェらが導入した「熱素」がある．18世紀は流体の時代とも呼ばれ，質量の移動との類推で，さまざまな流れがイメージされた．「電荷」の移動を「電流」としてイメージし，「磁荷」の移動として「磁流」というイメージを持ち込み，「熱素」の移動として「熱流」をイメージした．したがって，「熱流」という概念は，「電流」や「磁流」とともに，18世紀の西欧思想が産み出した概念である．「流れ」のイメージは，保存量が移動する場合には理解しやすいイメージであり，熱学では「熱素」という名の示すように「熱素」という元素が想定されていた．

ブラックと同様に「移動量としての熱」に着目した熱学では，顕熱現象は温度変化を伴う「熱素」の移動であり，潜熱現象は温度変化を伴わない「熱素」の移動である，と考える．つまり熱学では「熱素」が基本概念であり，潜熱と顕熱は「移動する熱素」概念からの誘導概念である．物体中の熱素量 Q の変化を ΔQ，「移動量としての熱」を $\tilde{Q}$ として，熱容量 C の物体の顕熱現象は
$$\Delta Q = C \Delta T$$
であり，単位質量あたりの潜熱 L の相転移現象は
$$\Delta Q = L \Delta m$$
である．いずれの場合でも
$$\Delta Q = \tilde{Q}_{in} - \tilde{Q}_{out}$$
である，と考える．

熱学は，ファーレンハイトの実験と相転移現象とを見事に説明した．ファーレンハイトの実験は，水銀に含まれている「熱素量」と水に含まれている「熱素量」との和が保存されていると見なすことにより，理解できる．このために，この実験は熱素保存則の現れとして理解された．相転移現象も，一方の相の質量が増せば他方の相の質量が減るので，2つの相の熱素量の和が保存されていると見なして差し支えない．

熱学では「移動する熱素」の量として，移動熱量が定義され，移動熱量測定のために熱量計が開発された．移動熱量の単位カロリーは，大気圧下の液体の

水 1 g の温度を 1°C 変化させるのに必要な移動熱量，と定義された．

熱学では物質の状態変化に関心があるので，物質の平衡状態を指定する状態変数として，状態量という概念が登場した．熱学の状態量は温度，体積，質量と「熱素量」である．温度は示強性状態量であり，体積と質量と「熱素量」とは示量性状態量である．物質に蓄えられている「熱素量」という概念はブラックにはなかった新しい概念である．ブラックの後継者達は直接的には測定できない「熱素量」という概念を導入したのだ．

温度と「熱素量」という 2 つの基本概念に対応して，熱学の基本法則も 2 つある．熱平衡では示強性状態量が一様という熱力学第零法則と熱素保存則とである．いずれも経験則である．

熱量計を駆使した実験により，物質の状態変化として等温変化と定積変化とがまず認識された．「熱」の移動は，相変化を伴わない定積変化では顕熱として観測され，相変化を伴う等温変化では潜熱として観測される．

固体の定常熱伝導では，温度 θ が一様ではない．温度分布は 2 階の微分方程式

$$\mathrm{div}(\kappa\,\mathrm{grad}\,\theta) = 0$$

に従う．これも大事な経験則である．この経験則は 2 階の微分方程式だから，1 階の連立微分方程式

$$\begin{cases} \mathrm{div}\,\tilde{Q} = 0 \\ \tilde{Q} = -\kappa\,\mathrm{grad}\,\theta \end{cases}$$

に書き換えることができる．$\mathrm{grad}\,\theta$ は温度勾配である．$\mathrm{div}\,\tilde{Q}$ は $\tilde{Q}$ の湧き出しである．

熱学では $\tilde{Q}$ を熱流の密度と考えることにより関係 $\mathrm{div}\,\tilde{Q}=0$ を熱素保存則の現れと理解する．さらに，「熱」が温度の高い方から低い方へ移動するという直感的イメージを尊重して，κ を熱伝導度と呼ぶ．熱伝導度は「移動量としての熱」という概念があってはじめて意味のある概念である．

固体中の温度 θ の時間的空間的変化を測定すると，実験式

$$C\frac{\partial \theta}{\partial t} - \mathrm{div}(\kappa\,\mathrm{grad}\,\theta) = 0$$

に従っている．このことはフーリエ（J. B. J. Baron de Fourier, 1768-1830）により発見された（熱の解析的理論[注2]，1822）ので，この実験式はフーリエ方程式と呼ばれている．

フーリエ自身が述べているように，フーリエ方程式は「熱素」説を受け入れるかどうかには無関係である．1つの実験式が提案されたとき，その実験式を理解するための多くの説が登場して諸説紛紛となっても不思議ではない．

しかし，熱素保存則に基づくと，フーリエ方程式は容易に理解できる．C を固体の単位体積あたりの熱容量とすると $C\dfrac{\partial \theta}{\partial t}$ は固体の単位体積あたりの「熱素量」の時間変化であり，$\tilde{Q} = -\kappa\,\mathrm{grad}\,\theta$ は熱流密度だから，熱伝導方程式はまさに時間を含めた熱素保存則を表している．別の言い方をすると，熱素保存則を基本法則とする熱学から熱伝導方程式が演繹的に導かれる．これは熱学の大きな成果である．しかし，温度変化に周期性がない場合にこの解釈が成り立つかどうかは定かでない．

熱伝導度が温度によらなければ，フーリエ方程式は

$$\mathrm{div}(\mathrm{grad}\,\theta) = \frac{C}{\kappa}\frac{\partial \theta}{\partial t}$$

となる．$\mathrm{div}(\mathrm{grad}\,\theta)=0$ の形の微分方程式はラプラス方程式と呼ばれている．さらに $\mathrm{div}(\mathrm{grad}\,\theta)=\mathrm{const.}$ の形の微分方程式はポアソン方程式と呼ばれている．ラプラスやポアソンがフーリエ方程式を詳細に研究したことの現れだろう．フーリエ方程式を解くために導入されたフーリエ級数は強力な数学的手段であり数理科学では頻繁に使われる．定常状態と温度が周期的に変化する場合にはフーリエ方程式が成り立つが，温度変化に周期性がない場合にフーリエ方程式が成り立つかどうかは定かでない．

さらに音速の問題を通して，「熱」の移動を伴わない状態変化として断熱変化が認識された．山彦，雷鳴，砲声などを通して，音速が有限なことは古くから知られていた．ニュートンは音速を議論し，音速と密度と等温圧縮率との間に

[注2] パリで出版された初版本が金沢工業大学に収蔵されている．

$$\text{音速}^2 \times \text{密度} \times \text{等温圧縮率} = 1$$

の関係があることを見いだしたが，これはニュートン自身の実験結果や当時の実験結果と明らかに合わなかった．19世紀に入り，音速に関わる圧縮率は等温圧縮率ではなくて，断熱圧縮率であるとの意見がでてきた．しかし断熱圧縮率の直接測定は難しい．逆にポアソンは音速測定こそは断熱圧縮率を見積もる最良の方法であると考え，ラプラスとともに断熱変化を考慮した熱学の建設に向かった．

状態量に着目する熱学の基本方程式は
$$dQ = C_V d\theta + \Lambda dV$$
である．C_V は定積熱容量であり，Λ は「膨張の潜熱」とでも呼ぶべき量であり，ブラックの潜熱概念の拡張である．物体が吸収した熱素量 dQ の一部は $C_V d\theta$ であり，温度変化として観測され，残りは ΛdV であり体積変化として観測される．断熱変化では $dQ=0$ を考慮すると
$$\frac{d\theta}{dV} = -\frac{\Lambda}{C_V}$$
である．

以上が熱学の主な成果である．懸命の努力にもかかわらず，「熱素」の質量が測定できないことだけが，問題点として残された．別の言い方をすると，熱素保存則を満たす現象に関する限り，熱学は十分満足なものだった．このために「熱素」が実体概念としては不満足なものであっても，「状態量としての熱」が抽象概念として受け入れられた．

熱学は「移動量としての熱」だけを議論し，「生成量としての熱」を黙殺した．「生成量としての熱」を受け入れた途端に熱素保存則は意味をなさなくなるからである．学問としての体系化には理想化を伴うので，非理想的なものとして「生成量としての熱」を無視したのだろう．

1.4　蒸気機関の出現

18世紀にイギリスで始まった産業革命は動力革命である．まず水車や風車

が出現して人力・牛力・馬力から風力・水力へと動力が変化した．次に蒸気機関が出現して風力・水力から火力へと変化した．動力を火力から取り出すために，（化石）燃料の大量使用が始まり，公害や地球温暖化も始まった．霧の都ロンドンとは，石炭を燃やしたときに出る煤煙の都ロンドンである．

初期の蒸気機関であるニューコメン機関の改良に従事したワット（James Watt，1736-1819）は燃料効率を追求することにより，顕著な業績を残した．最初の業績は分離凝縮器の発明である（英国特許，1765）．ニューコメン機関では1つのシリンダーを暖めたり冷やしたりしていたが，ワットはシリンダーを高温に保ったままで，別に低温の凝縮器を用意して，高温部と低温部とを空間的に分離した．凝縮器での蒸気の凝縮液化は潜熱概念にたどり着いたブラックとの交流の成果とされる．2番目の業績は，単動機関の発明である（英国特許，1769）．これは半サイクルだけ蒸気機関であり，残りの半サイクルは重力利用である．それでも分離凝縮器を併用して燃料を75%節約できたとのことである．最後に複動機関を発明し（英国特許，1782），全サイクルを蒸気機関とした．これで排水ポンプ以外の用途が開発された．複動機関では断熱膨張を採用することにより燃料をさらに50%以上節約できたとのことである．

ワットの特許が切れると，高温・高圧蒸気機関が出現し，さらに燃料効率が改善された．その代償として，高温・高圧蒸気機関の爆発事故が続出した．

ワットの業績は熱力学的にも意義がある．ワットは，分離凝縮器の採用に見られるように，蒸気機関では高温部と低温部との2つの温度が必要なことを認識した．次に，高温のボイラー，低温の冷却器，作業物体としての蒸気という蒸気機関の3要素を確立した．最後に複動機関の発明の際に，図示仕事の重要性に気づいたことである．作業物体の体積変化が蒸気機関の出力に直接的に関係し，断熱膨張により出力仕事が効率よく取り出せる．

因みに電力，エネルギー流などの現代の国際単位ワット（記号W）はJ. Wattの名に因む．

1.5 熱力学の始まり

ワットの業績はカルノー（N.L. Carnot, 1796-1832）に引き継がれた．ここにもイギリスから大陸への学問の流れがある．熱学を主流とする当時の学界は，燃料効率の追求は経済と技術との問題であり学問ではない，と見なしていたのだろう．カルノーだけが学問としてワットの業績を引き継いだ．

ワットの業績を継承発展させたカルノーは「覚え書き」（弟が1878年に公表）の中で，すでに熱力学第一法則を認識し，「熱の仕事当量」を推定している．「水蒸気の動力を表すのに適した一公式の研究」（推定執筆1816-24，発見1966）や「火の動力およびこの動力を発生させるに適した機関についての考察」(1824)で熱力学の基礎を築いている．しかし1824年は，ラプラスとポアソンによる解析的熱量学が完成した年であり，熱素保存則を基本法則とする熱学の絶頂期である．このこともカルノーが学界から無視された一因であろう．カルノーはコレラに罹り，1832年8月24日36歳で逝去した．感染予防のため，多くの遺品が焼却処分された．

1.5.1 カルノーの問題設定

カルノーは蒸気機関の効率を問題とした．「蒸気機関の効率には上限があるのか，あるとすればいかほどか」という問題である．カルノーの設定した問題は，物質の熱的状態変化の解明を目標としていた熱学とは異質の問題設定であり，この問題設定も当時の学界から無視された理由の1つであろう．

蒸気機関の効率は

$$蒸気機関の効率 \equiv \frac{出力仕事}{吸熱量}$$

である．効率を η，出力仕事を $\tilde{I}_{out}$，吸熱量を $\tilde{Q}_H$ で書くと

$$\eta \equiv \frac{\tilde{I}_{out}}{\tilde{Q}_H}$$

である．

ヒートポンプでは原動機とは逆に「熱」を低温部から高温部へ汲み上げるので，その成績係数（coefficient of performance）は

$$\text{ヒートポンプの成績係数} \equiv \frac{\text{吸熱量}}{\text{入力仕事}}$$

である．成績係数を COP，入力仕事を $\tilde{I}_{in}$，吸熱量を $\tilde{Q}_C$ とすると，

$$COP \equiv \frac{\tilde{Q}_C}{\tilde{I}_{in}}$$

である．

　カルノーの慧眼は，高温から低温に向かう「熱」の流れが出力仕事の源泉であり，蒸気は熱機関の作業物体である，と看破した．カルノーにとっては，蒸気は高温から低温に向かう「熱」の流れから「仕事」を出力する反応の触媒の1つにすぎない．したがって作業物体は蒸気でなくてもよいので，η は一般の原動機の効率を表し，COP は一般のヒートポンプの成績係数を表す．

　入力仕事，出力仕事という言葉から容易に想像されるように，カルノーが導入した「仕事」は「移動量としての仕事」である．熱流を「熱素」の流れと解釈したように，西洋思想では移動量とは何か不変な実体があり，これが移動するというイメージを伴う．不変な実体としての「仕事」に言及することなく「移動量としての仕事」を導入したことは画期的なことである．しかし，このこともカルノーが学界から無視された一因であろう．

1.5.2　カルノーの前提条件と発明

　カルノーは自ら設定した問題を解くにあたり，次の4つの前提条件を使った．いずれも経験則である．

　前提①　作業物体（蒸気）の温度変化に伴う体積変化すなわち熱膨張率が重要である．

　前提②　作業物体（蒸気）の体積変化を伴わない熱流は無駄である．

　前提③　（第一種）永久機関は存在しない．

　前提④　蒸気機関における動力の発生は，高温部から低温部への熱流による．

前提①と②はワットの業績の抽象的表現である．前提①はワットの図示仕事に着目したことになる．前提②は燃料効率を追求したワットの努力の反映である．例えば，高温部から低温部への単純な熱伝導では「仕事」を取り出すことができない．ワットが燃料効率を追求してきた過程は作業物体(蒸気)の体積変化を伴わない熱流を減らす努力だった．

前提③は永久機関の発明を志した多くの発明家の夢が水泡に帰したという経験則であり，後に熱力学第一法則として確立された事柄である．ここにカルノーの先見性が見てとれる．「第一種永久機関」は後のクラウジウス（R. J. E. Clausius, 1822-88）による造語である．

前提④はワットにより認識された2つの温度の必要性を言い換えただけではない．前提③と前提④による熱機関のイメージを図1.1に示す．熱機関では熱流が変化している．熱流を「熱素」の移動と考えるなら，保存量としての「熱素量」を否定していることになる．これは熱素保存則を基本法則とする熱学にとっては受け容れがたい．このこともカルノーが当時の学界から無視された一因であろう．

次にカルノーは思考上の道具立てとして，循環過程(サイクル)と理想サイクルとを発明した．作業物体の状態は1サイクル後には完全に元の状態に戻るので，作業物体は熱機関の触媒である．作業物体は循環過程(サイクル)を構成

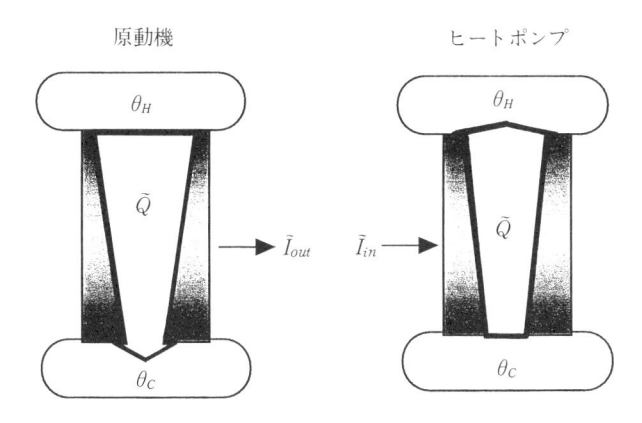

図 1.1 熱機関のイメージ．

し，順サイクル(原動機)で作業物体のする図示仕事は，1サイクルあたり

$$\oint p\,dV$$

である．ここで p と V はそれぞれ作業物体の圧力と体積である．p-V 線図で表すと，右回りに周回積分したものが出力仕事である(図 1.2)．逆サイクル(ヒートポンプ)では，1サイクルあたり

$$\oint p\,dV$$

が入力仕事である．いずれも作業物体の種類によらないので蒸気でも空気でもよい．逆サイクル(ヒートポンプ)は当時は存在しなかったが，カルノーにとっては思考上当り前の概念だったに相違ない．

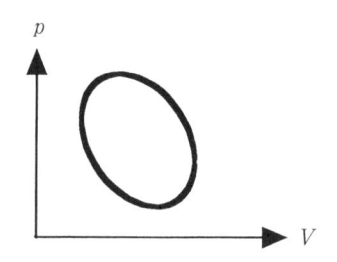

図 1.2　p-V 線図の囲む面積．

カルノーにとって無駄とは，前提②に示されているように作業物体の体積変化を伴わない熱流であり，高温部から低温部への単純熱伝導による「熱」の移動などである．このような無駄がないサイクルを理想サイクルと呼んだ．理想サイクルは無駄がないから，逆行しても無駄がない．

理想サイクルは作業物体の等温変化と断熱変化とから構成される．作業物体の温度が一様に(空間的変化がない)時間変化するので，熱伝導度が無限大で粘性のない作業物体を想定していることになる．

1.5.3　カルノーの発見

この2つの思考上の道具立てを使って，カルノーは次の3つのことを発見した．

1.5 熱力学の始まり

発見第1：理想サイクルよりも高効率のサイクルは存在しない．
発見第2（カルノーの定理）：理想サイクルの効率（カルノー効率 η_{Carnot}）は2つの温度だけの関数である．
発見第3：理想サイクルでは温度だけの関数（カルノー関数）が存在する．

カルノーに倣って，3つの発見を証明しよう．

発見第1は簡単である．理想サイクルよりも効率の高いサイクルが仮に存在するとすれば，第一種永久機関が可能となる．理想サイクルよりも効率の高いサイクルの出力仕事を使って理想逆サイクルを動かせば，全体としては「熱」の移動がないまま，「仕事」を取り出すことができるからである．これは前提③に反する．したがって，理想サイクルよりも効率の高いサイクルは存在しない．

発見第2も簡単である．理想サイクルは無駄がないので，理想サイクルの効率は作業物体に依存しない．したがって，理想サイクルの効率 η_{Carnot} は2つの温度 θ_H と θ_C だけで決まる．

次に η_{Carnot} が2つの温度 θ_H と θ_C とにどのように依存するかを考えよう．温度差を $\Delta\theta \equiv \theta_H - \theta_C$ とすると，前提④により，

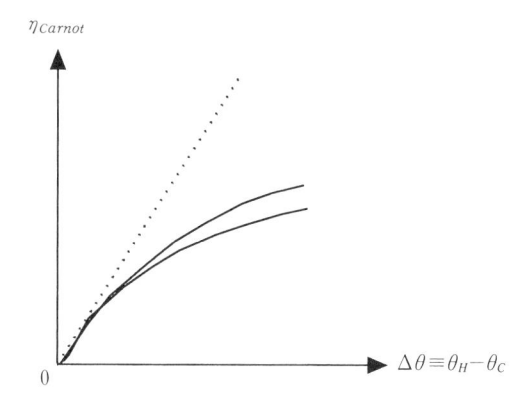

図 1.3 温度差 $\Delta\theta$ とカルノー効率 η_{Carnot} との関係．θ_C（あるいは θ_H）が違えば原点を通る別の曲線が得られる．しかし曲線の傾きは原点では θ_C（あるいは θ_H）だけで決まる．

$$\eta_{Carnot} > 0 \quad \text{for} \quad \Delta\theta > 0$$
$$\eta_{Carnot} = 0 \quad \text{for} \quad \Delta\theta = 0$$

である．つまり，η_{Carnot} は温度差 $\Delta\theta$ と θ_c（あるいは θ_H）とに依存する（図1.3）．カルノー関数 Θ を次のように導入する：

$$\frac{1}{\Theta} \equiv \lim_{\Delta\theta \to 0} \frac{\partial \eta_{Carnot}}{\partial \Delta\theta}$$

偏微分は θ_H あるいは θ_c を一定に保つことを意味する．$\partial\eta_{Carnot}/\partial\Delta\theta$ は何を一定に保つかに依存する．しかし $\Delta\theta=0$ の極限では θ_H と θ_c とを区別する必要がないので，カルノー関数 Θ は1つの温度 θ だけの関数である．これがカルノーの第3の発見である．カルノー関数 Θ は，後にトムソン（W. Thomson, 1824-1907）により導入された熱力学的温度である．

　以上の証明から明らかなように，カルノーの議論では図示仕事が直接的には使われていない．カルノーの議論は理想サイクルという思考上の道具立てにのみ依拠している．したがって入力仕事や出力仕事は図示仕事以外でも差し支えない．図示仕事以外の「仕事」は熱電気現象や後の電気化学での電磁気的仕事への布石となった．

　カルノーの議論では入力仕事や出力仕事のように「仕事」の出入りという概念が大切なのだ．この意味でもカルノーは「移動量としての仕事」という概念を導入したことになる．「移動量としての仕事」という概念のなかった熱学とはこの意味でも異なる．

1.5.4　クラウジウス-クラペイロンの式

　カルノーの業績を認め，カルノーの1824年論文を祖述したクラペイロン（B. Clapeyron, 1799-1864）による解説がある．これは1837年に英訳され，1843年に独訳が出て，カルノーの業績を西欧に広めた．クラペイロンの解説では熱素保存則が使われているが，元々のカルノーの議論では熱素保存則が使われていない．カルノーの議論が後の熱力学の発展に役立ったのは熱素保存則に依拠していないためである．この意味でクラペイロンはカルノーの議論を理解し切れていなかったことになる．

1.5 熱力学の始まり

カルノーの発見はあまりに抽象的で実感としては捉えにくい．具体例としてクラペイロンと後のクラウジウスに倣い，作業物体が気液平衡の場合のカルノーサイクル（図1.4）を議論しよう．作業物体が気液平衡なので等温変化は等圧変化である．

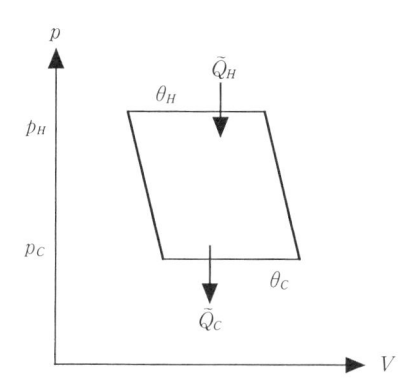

図 1.4 気液平衡の場合のカルノーサイクル．

等温膨張では質量 m の液体が気化するので，体積変化は $m(V_G - V_L)$ であり，吸熱量は $\tilde{Q}_H = mL$ である．ここで V_G は単位質量あたりの気体の体積であり，V_L は単位質量あたりの液体の体積である．L は気化の潜熱である．

圧力差 Δp が小さいときには温度差 $\Delta \theta = \dfrac{dp}{d\theta}\Delta p$ も小さい．このとき出力仕事は

$$\Delta \tilde{I}_{output} \cong m(V_G - V_L)\Delta p \cong m(V_G - V_L)\frac{dp}{d\theta}\Delta \theta$$

だから，カルノー効率は

$$\frac{\Delta \tilde{I}_{output}}{\tilde{Q}_H} \cong \frac{(V_G - V_L)\dfrac{dp}{d\theta}}{L}\Delta \theta$$

となる．カルノー関数 Θ で書くと

$$\frac{dp}{d\theta} = \frac{L/\Theta}{V_G - L_L}$$

となる．これがクラウジウス-クラペイロンの式である．

これはカルノーの発見の具体的な応用であり，実験的にカルノー関数 $\Theta(\theta)$ を決めることを可能とする．

1.5.5 カルノー-クラペイロンの定理

微小温度差 $\Delta\theta$ で動作する理想サイクルを考える．

熱学を受け入れていたクラペイロンは，熱学の基本方程式を使って，微小温度差の理想サイクルの効率を議論した．作業物体が高温端で等温的に吸収する熱量は，熱学の基本方程式により，$\Lambda\Delta V$ である．他方，微小体積変化の理想サイクルのする仕事は

$$\Delta p \Delta V = \left(\frac{\partial p}{\partial \theta}\right)_V \Delta\theta\Delta V$$

である．したがってこの理想サイクルの効率は

$$\eta_{Carnot} = \frac{\left(\frac{\partial p}{\partial \theta}\right)_V \Delta\theta\Delta V}{\Lambda\Delta V} = \frac{\left(\frac{\partial p}{\partial \theta}\right)_V \Delta\theta}{\Lambda}$$

である．これは微小温度差の理想サイクルの効率を熱学の基本方程式を使って評価したものである．

微小温度差 $\Delta\theta$ で動作する理想サイクルの効率は，カルノー理論によれば

$$\eta_{Carnot} = \frac{\Delta\theta}{\Theta}$$

である．分母の Θ はカルノー関数である．

こうして得られた2つの効率を比較して

$$\Lambda = \Theta\left(\frac{\partial p}{\partial \theta}\right)_V$$

となる．これをカルノー-クラペイロンの定理と呼ぶ．クラペイロンが熱学とカルノーの熱力学とを結びつけたからである．熱機関に対するカルノーのイメージは熱学のイメージと矛盾するが，イメージの矛盾には拘わらず，形式論理で作り出した折衷案がカルノー-クラペイロンの定理である．

1.6　熱力学の目標とサイクル

「移動量としての熱」と「移動量としての仕事」の変換規則の解明が熱力学の当面の目標であり，その一部分がカルノーにより達成された．物質の状態変化の規則の解明を目標とする熱学とは目標が異なることに注意してほしい．

　カルノーが発明した順サイクルは，原動機であり，「熱」から「仕事」を取り出す．原動機には，蒸気機関，自然対流などがあり，廻り灯篭や走馬燈も「熱」から「仕事」を取り出している．ヒートパイプも相変化を伴う対流を積極的に使っている．温度差で発電するものにはゼーベック効果(1821)がある．ゼーベック効果は，蒸気以外の別の作業物体（触媒）があり，作業物体（触媒）が違えば出力仕事が電気エネルギーの場合もある，ことを示している．後のラジオメーター(1875)は，黒色面と器壁との温度差で回転する原動機である．

　カルノーが発明した逆サイクルは，ヒートポンプであり，「仕事」を吸収して，低温部から高温部へ「熱」を移動させる．すべての冷凍機はヒートポンプである．後のペルチェ冷凍機では電磁気的仕事を吸収して低温部から高温部へ「熱」を移動させる．

　原動機にせよ，ヒートポンプにせよ，熱機関では温度が一様ではない．したがって熱機関は熱平衡状態ではない．熱機関は非平衡系の一例である．熱機関を対象として非平衡系の熱力学の研究が始まった．

　カルノーが導入した「移動量としての仕事」は後の熱力学で重要な概念である．

　カルノーが発明した思考上の道具立てサイクル（循環）も後の熱力学で重要な道具立てである．カルノーが発見したカルノー定理やカルノー関数以上に重要な発明だろう．

　サイクル（循環）という考え方は熱力学を越えて広範な領域で使われている．古代インドの輪廻転生思想は広い意味でのサイクルである．地球規模での大気の循環，海洋の循環，水の惑星としての地球での水循環がエコロジーとし

ても大切なことはいうまでもない．食物連鎖も複雑なサイクルの1つである．生命科学では呼吸現象に伴うクエン酸サイクルが有名である．サイクルには順序はあるが始めも終わりもない．輪廻転生思想を別にするならサイクルとは物質循環である．

最近のリサイクル運動は資源の再利用であって，真のサイクルではない．脳死を死と認めたとしても臓器移植は，臓器の再利用であって，真のサイクルではない．順序はあるが始めも終わりもないのが真のサイクルである．

先人は自然現象の中に多くのサイクルを発見してきた．これからも多くのサイクルが発見されるだろう．サイクルを断ち切って，開演から終演までのプログラムを調べても，サイクルそのものの理解からは遠ざかる．生命現象では1つ1つの個体には誕生から死に至るプログラムがあるかもしれないが，世代と種を越えたサイクルに着目しなければ，生命現象を理解しきれないだろう．

1.7 まとめ

生活用語から考えると，熱現象に関わる概念には，「状態量としての温度」と「移動量としての熱」と「生成量としての熱」とがある．「消滅量としての熱」はない．

18世紀に英国で始まった産業革命の時代に，熱学と熱力学とが異なる目標を携えて誕生した．熱学の目標は物質の熱的状態変化の規則を明らかにすることであり，熱学は1824年に一応の完成をみた．熱機関の研究から始まった熱力学の目標は「熱」と「仕事」の変換規則を解明することである．

まず，平衡状態を指定する示強性状態量として温度が「熱」から分離された．次に「移動量としての熱」概念から熱容量概念と潜熱概念が形成された．熱素保存則を前提とする「状態量としての熱」概念を受け入れ，状態変化の規則の解明を目標とする熱学が始まった．しかし「生成量としての熱」概念は黙殺された．

熱機関の研究は熱学に欠けていた「移動量としての仕事」概念を導入した．「移動量としての仕事」は電化製品に囲まれている現代人には馴染み深い．発

電所から送られてくる電力は「移動量としての仕事」の典型例だからである．「移動量としての熱」と「移動量としての仕事」との間の変換規則の解明を目標とする熱力学が始まった．その後大きな進歩を遂げた熱力学にとってはカルノー論文が発表された 1824 年は熱力学の夜明け前でもある．

　熱学とカルノーの熱力学の折衷案としてカルノー–クラペイロンの定理がある．

　熱学やカルノーの熱力学に現れている基本概念を生活体験と比較する(表 1.1)と，カルノーの熱力学は熱学にくらべると生活体験とのズレが小さいことがわかる．熱学もカルノーの熱力学も輻射熱は議論しない．

表 1.1 取り扱う概念の比較．

	生活体験	熱学	カルノーの熱力学
温度	○	○	○
移動量としての熱：熱流	○	○	○
生成量としての熱：発熱	○	×	—
輻射(放射)熱	○	—	—
熱素量，熱素保存則	×	○	×
移動量としての仕事：仕事流	○	×	○

第2章
熱力学第一法則の誕生

　19世紀初頭に科学の分野が拡大するとともに総合的視点が発達した．この視点の中から保存量としてのエネルギーと移動量としてのエネルギーと生成量としてのエネルギーを一組の関係概念として熱力学第一法則が誕生し，熱素説が衰退した．基本概念から熱素量が追放されたので熱素量保存則は基本法則からも追放された．同時に基本概念と基本法則とが変更された．熱力学第一法則が確立されると直ちに3つの問題が出現した．

2.1　時代背景

　19世紀初頭は科学の分野が拡大した時代である．18世紀の最後の年にボルタ（A. G. A. A. Volta, 1745-1827）はボルタの電堆の形で化学反応の電気作用を発見した（1800）．エールステズ（H. C. Ørsted, 1777-1851）により電流の磁気作用が発見される（1819-20）と直ちにアラゴー（D. F. J. Arago, 1786-1853）は電流による鉄の磁化（1820）を報告し，これが電磁石の始まりとされる．1821年には電動機の始まりとされる磁気回転の実験をファラデー（M. Faraday, 1791-1867）が報告し，同じ年にゼーベック（T. Seebeck, 1770-1831）がゼーベック効果を「熱」の磁気作用として報告した．アンペール（A. M. Ampére, 1775-1836）によりアンペールの法則が発見されたのもこの頃である．誘導モーターの原型とされるアラゴーの回転円盤の発見（1824），オーム（G. S. Ohm, 1789-1854）によるオームの法則の発見（1826），ファラデーによる電磁誘導の法則の発見（1831），単極誘導の発見（1832），電気分解の法則（1833），ペルティエ（J. C. A. Peltier, 1785-1845）による電流の熱作用としてのペルティエ効果の発見（1834），ジュール（J. P. Joule, 1818-89）

によるジュール発熱の発見(1840)，磁場の偏光作用であるファラデー効果の発見(1845)など枚挙にいとまがない．19世紀初頭は，化学反応，「熱」，電流，電気，磁気，光など広範な現象が科学の対象となり，しかも互いに独立な現象ではなく相互に関わりがあることが明らかになってきた時代である．

　現象間の相互の関わりに目配りすることにより，総合的視点が発達した．ファラデーは当時の総合的視点を「自然界にある諸々の power には相関があり互いに変換されるが無からの発生はない」(1840)と表現している．この視点はファラデー思想とも呼ばれるが決してファラデーだけの思想ではなく，当時の多くの科学者が抱いていた思想である．例えば，ヘス（G. H. Hess, 1802-50）はヘスの法則を主張している(1840)．ヘスの法則は「1つの化学反応の反応熱，あるいは一連の化学反応の反応熱の総和は，化学反応の始めの状態と終わりの状態とで定まり，途中の状態には依存しない」とされているが，反応熱の概念が確立されるのは 19 世紀末に物理化学が発展するときである．ファラデーの power には力とエネルギーの両方の意味が含まれている．言葉に対して詩人のような感性をもっていたファラデーにとって，ニュートン以来の力学用語である活力（vis viva, living force）では表現しきれない内容なので power という言葉を使ったのだろう．科学史家が当時の文献を和訳するときに power を力と訳すことがあるが，そうするとその訳文は現代人には意味不明となる．power をエネルギーと和訳すると，すでに熱力学第一法則が認知されていたような印象を与える．言葉は生き物とはよく言われることだが，科学用語も時代の変遷とともに意味が変わることに注意してほしい．なおアノード，カソード，アニオン，カチオン，イオンは電気分解の法則を確立したファラデーによる造語である．

　このような時代背景あるいは時代思潮のもとで，熱力学第一法則が誕生し確立された．19世紀の前半はシューベルト（F. P. Schubert, 1797-1828），ピアノの詩人ショパン（F. F. Chopin, 1810-49），シューマン（R. A. Schumann, 1810-56）が活躍し，西欧世界で浪漫派の音楽が風靡した時代でもある．日本では，葛飾北斎（1760-1849），滝沢馬琴（1767-1848）がいる．

2.2 熱の仕事当量

　ミュンヘンの兵器工場で行われていた砲身の中繰り過程では際限なく発熱することをラムフォード伯[注1]が1798年に報告した．このことは保存量としての熱素量を前提とする熱学では説明できない．しかし昔から人類が生活体験として知っていたが熱学では無視された「生成量としての熱」を復活させたにすぎない．

　「生成量としての熱」をまともに研究したのはジュールである．

　「さまざまな power に相関があり互いに変換される」なら，異なる power の間の関係を調べて変換係数を求めることが重要となる．異なる power の間の変換係数が当量（equivalent）である．「熱の仕事当量」(mechanical equivalent of heat) とは，「仕事」が「熱」に変化される場合の変換係数であり，「仕事」が「熱」に変換されることを事実として認めた上で成り立つ概念である．

　「熱の仕事当量」は2種類に大別される．1つは「仕事」の散逸による「発熱」すなわち「生成量としての熱」を散逸された「仕事」に換算する際の換算係数であり，ジュールの「熱の仕事当量」がその典型である．フーコー振子で

[注1]　ラムフォード伯（Benjamin Thompson, Count Rumford, 1753-1814）は米英独で政治と軍事に関与し，1793年に神聖ローマ帝国の伯爵位を受けてラムフォード伯と名乗った．「熱」に強い関心があり，暖炉やコーヒーメーカーを発明している．ラムフォード伯自らが発明した暖炉の前に立つ姿が肖像画として残っている．ラムフォード伯はイギリス王立科学研究所を創立し，初代所長となった（1799）．所長としてヤングやデービーを採用した．この研究所がファラデーにとっての生涯の仕事場だった．創設後まもなくラムフォード伯は王立科学研究所の科学者と対立し，数年で王立科学研究所を辞し，フランスへ渡り，ラボアジェの未亡人と再婚した．ラムフォード伯は，後に「熱の運動説」の提唱者として喧伝されるが，「熱」とエネルギーとの関係に言及していないし，「熱の仕事当量」を推定していない．ラムフォード神話は「ニュートンの林檎」と同様に後に創作された物語かもしれない．

有名なフーコー[注2]が測定（1855）した「熱の仕事当量」もこの仲間に入る．いずれも精密測定は難しい．第二は気体の温度変化の原因には熱流と仕事流とがあることを認めて，熱流を仕事流に換算する際の換算係数であり，カルノー，マイヤー（J. R. Mayer, 1814-78），ホルツマンの「熱の仕事当量」がその典型である．ジュールはこの「熱の仕事当量」も測定している．この「熱の仕事当量」は気体の比熱と状態方程式の精度に依存する．

2.2.1　カルノーとマイヤーとホルツマンの「熱の仕事当量」

ファラデー思想の具体化として，「熱の仕事当量」を調べよう．カルノーからホルツマンまでの「熱の仕事当量」は気体の性質と密接な関係があるので，まず，気体の性質についての当時の理解を調べよう．

17世紀に英国のボイル（R. Boyle, 1627-91）は気体の圧力と体積との関係を調べ，温度が一定なら気体の体積 V と圧力 p とは反比例することを見いだした(1660)．いまだ温度と「熱」とが分離されていない時代のことである．これがボイルの法則である．つまり，等温圧縮率

$$K_T \equiv \frac{1}{V}\left(\frac{\partial V}{\partial p}\right)_\theta$$

は，気体では

$$K_T \cong \frac{1}{p}$$

である．ニュートンが音速との関係を議論する際に使った圧縮率はこの等温圧縮率である．フランスでは少し遅れてマリオット（E. Mariotte, 1620頃-84）がボイルとは独立に同じ法則を発見した(1676)．このためにボイルの法則はマ

[注2]　フーコー（J. B. L. Foucault, 1819-68）は自宅の実験室でよい実験を行った．アラゴーの提案に基づき光速を測定し水中よりも空気中の方が大きいことを示した(1850)．地球の自転を証明するフーコー振子(1851)でも有名．ジャイロスコープを考案した(1852)のもフーコーである．磁極間に挟んだ銅板を回転すると発熱することを発見して「熱の仕事当量」を測定した(1855)．この発熱は銅板に流れる渦電流によるジュール発熱と見なすことができる．このために渦電流はフーコー電流とも呼ばれている．

リオットの法則と呼ばれることもある．

　気体の熱膨張率を調べていたシャルル（J. Charles, 1746-1823）は1787年頃にシャルルの法則を発見したとされ，ボイルの法則と合わせてボイル-シャルルの法則と呼ばれている．しかし，きちんとした報告はフランスのゲイ・リュサック（J. L. Gay-Lussac, 1778-1850）による(1801-2)ものであり，ゲイ・リュサックの法則と呼ばれている．ボイル-シャルルの法則とゲイ・リュサックの法則とは同じことを主張している．つまり，温度 θ の気体では
$$pV = (\theta + \theta_0)R$$
であり，R と θ_0 はある定数である．R の次元は［仕事］/［温度］である．

　ゲイ・リュサックの法則に従う仮想的な気体を第一種理想気体と呼び，ゲイ・リュサックの法則は理想気体の状態方程式とも呼ばれている．

　カルノーとマイヤーは気体の定圧比熱が定積比熱よりも大きいのは，圧力一定での温度変化では，体積一定での温度変化とは異なり，気体が膨張するときに「仕事」をするためと考えた．この仕事は $p(\partial V/\partial \theta)_p d\theta$ である．この「仕事」は，理想気体の状態方程式を使うと，$R\, d\theta$ に等しい．したがって第一種理想気体では
$$C_p - C_V = R$$
である．これはマイヤーの関係式とも呼ばれている．左辺は比熱の差だから，当時の単位でcal/温度であり，右辺の単位は［仕事］/［温度］である．したがって「移動量としての熱」と「移動量としての仕事」との換算係数として，「熱の仕事当量」が必要である．

　「仕事」の単位としては現代の国際単位ジュール J を使おう．カルノーはすでに覚え書きの中で空気の定圧比熱と定積比熱の差から「熱の仕事当量」を推定し 3.63 J/cal を得ていた．後にマイヤーも空気の定圧比熱と定積比熱の差から「熱の仕事当量」を 3.58 J/cal（1842），3.60 J/cal（1845），3.82 J/cal（1850）と推定している．いずれも比熱の測定精度と理想気体の状態方程式とに頼るものである．

　「熱学」から熱力学へ歩み寄ったのがホルツマン（C. Holtzmann）である．ホルツマンは温度一定での気体の体積変化に着目し，熱学に「仕事」を持ち込

んだ．気体を加熱する際に温度を一定に保つと，体積が変化する．体積が変化することは，気体が外界に対して「仕事」をすることである．したがって，温度一定の場合には，気体の加熱量は体積変化による「仕事」を使って測ることができる．こうしてホルツマンは出入りする「熱」が出入りする「仕事」を使って評価できることを示した．熱学の基本方程式

$$dQ = C_V d\theta + \Lambda dV$$

に現れる ΛdV を「移動量としての熱」と考えても「移動量としての仕事」と考えてもよいことに気づいたともいえる．「移動量としての仕事」と考えたホルツマンは「膨張の潜熱」Λ を圧力と見なしたことになる．「膨張の潜熱」Λ を圧力と見なすと，カルノー関数 Θ は温度 θ と同じ次元となる．「膨張の潜熱」Λ を圧力と見なして，熱学の基本方程式を第一種理想気体に適用するとマイヤーの関係式が得られる．ホルツマンも比熱の差から「熱の仕事当量」を推定している．

　カルノー，マイヤー，ホルツマンの「熱の仕事当量」は「仕事」の散逸に関わるものではない．気体の温度変化の原因には「熱」の出入りだけでなく「仕事」の出入りもあるが，「熱」の出入りを「仕事」の出入りに換算するさいの換算係数がカルノー，マイヤー，ホルツマンの「熱の仕事当量」である．

2.2.2　ジュールの「熱の仕事当量」

　ジュールは電動機を試作(1837)し，電動機の発熱に着目した．0.01°F，すなわち 0.006°C という驚異的分解能で温度測定を行い，電動機の発熱が電流の2乗に比例することを見いだした(1840)．これがジュール発熱である．ジュールは，ラムフォードの実験データから「熱の仕事当量」を 5.57 J/cal と推定している(1840)．また，同じ電流を流していても，電動機が仕事をしているときには電動機の発熱量が少ないことにも気づいた．つまり，発熱量は入力仕事と一定の関係があるはずだということである．ジュールの「熱の仕事当量」とは単位発熱量に関わる入力仕事の値である．後にジュールは空気の断熱圧縮による温度上昇と断熱膨張による温度降下からも「熱の仕事当量」を求めている．

2.2 熱の仕事当量

ジュールの業績が直ちに評価されたわけではない．温度測定の分解能が驚異的なので，それだけで信憑性が疑われた．ジュールはその後35年間にわたり執拗に「熱の仕事当量」を測定し続け，「熱の仕事当量」が 4.2 J/cal 程度であることを示した（表 2.1）．数値のばらつきは測定の難しさを示すものだろう．つまり入力仕事は電気的仕事，力学的仕事などさまざまな形態をとるが，「発熱量」に換算すると，すべて同じである．入力仕事にさまざまな形態を認めたことにファラデー思想が現れている．

表 2.1 ジュールの「熱の仕事当量」．

年	仕事当量 J/cal	方法
1843	4.51	発電機の発熱
	4.15	細管中を通る水の発然
1844	4.43	空気の断熱圧縮による昇温
1845	4.28	空気の断熱圧縮による昇温
	4.41	空気の断熱膨張による降温
	4.38	空気の断熱膨張による降温
	4.09	空気の断熱膨張による降温
	4.79	羽根車による撹拌
1847	4.207	羽根車による撹拌
	4.210	羽根車による撹拌（鯨油）
	4.240	羽根車による撹拌（水銀）
1848	4.15	羽根車による撹拌（水）
	4.15951	羽根車による撹拌（水）
	4.16700	羽根車による撹拌（水銀）
1850	4.17187	鋳鉄の摩擦
1867	4.212	電流による発熱
1878	4.1587	羽根車による撹拌（水）

西条敏美著，「物理定数とは何か」（講談社，1996）から転載．

発熱は本質的に一様温度での「仕事」の「熱」への変換すなわち「仕事」の散逸である．「仕事」の形態によらず，「仕事」が散逸される際の発熱量は散逸された「仕事」に換算するとすべて同じである．ジュールによる「熱の仕事当量」の測定のうちで，空気の断熱圧縮・膨張による温度変化だけは「仕事」の散逸ではない．

ジュールによる「熱の仕事当量」の測定と当時の時代思潮とにより，「熱」と「仕事」の同等性が受け入れられるとともに，熱素量保存則は急速に衰退した．

「熱の仕事当量」は，「仕事量」の単位と「熱量」の単位（カロリー）との換算係数を与える．現在の国際単位系でのエネルギーの単位ジュール（記号 J）は「熱の仕事当量」を測定し続けたジュールの名に因む．

ジュール後にも「熱の仕事当量」の精密測定が続けられた．精密測定により，水の熱容量が水の温度に依存することが判明したので，1929 年の国際蒸気表会議では，0-100°Cの平均熱容量を使って熱量単位カロリーを定義し，「熱の仕事当量」は 4.1868 J/cal とされた．1948 年の国際度量衡委員会では，15°Cの水の熱容量を使って熱量単位カロリーを定義し，「熱の仕事当量」は 4.1855 J/cal とされた．同じ年に熱化学の分野では，17°Cの水の熱容量を使って熱量単位カロリーを定義し，「熱の仕事当量」は 4.184 J/cal とされた．1952 年にはエネルギーの基本単位をカロリーからジュールに変更し，1 cal＝4.18605 J と約束した．ワット（W）もジュール（J）を基本単位として 1 W＝1 J/s と定められた．ジュールが「熱の仕事当量」を測定し始めてから，1 世紀たって，ジュール（J）が国際単位系での基本単位に採用され，先輩であるカロリーやワットはジュールを使って定義される単位に正式に格下げされた．

2.3 熱力学第一法則の誕生

「状態量としての熱量」と「熱素保存則」との替わりに出現したのが熱力学第一法則であるが，新しい法則が誕生するには新しくエネルギー概念が必要だ

2.3 熱力学第一法則の誕生

った．エネルギーという言葉はヤング[注3]の造語（1807）であるが，この言葉が正しく再導入されたのは熱力学第一法則が確立されてからである．

ヤングのエネルギーは熱力学とは無縁であり，力学的な概念である．エネルギーという言葉は新しいが，エネルギー概念そのものは，力学的釣り合いを議論する際の仮想仕事の原理などの形で，ガリレイ以来存在していた．力学でのエネルギーは，移動量としての認識が弱く，状態量としての認識が強い．しかし2つの物体の衝突を議論する際には運動量とエネルギーのやりとりも想定されているので，移動量としての運動量と移動量としてのエネルギーが認識されている．力学でのエネルギーには位置エネルギーと運動エネルギーの2つの形態がある．

2.3.1 ヘルムホルツ

「熱」を「仕事」で評価できることを示したホルツマンの仕事に最初に着目したのがヘルムホルツ[注4]である．弱冠26歳のヘルムホルツは，力学的保存量としてのエネルギーを拡張し，「熱」をも含むものが保存されると考えた（1847）．つまり物体に出入りする「熱」と「仕事」をまとめた出入りするエネルギーを想定し，出入りするエネルギーのために物体のエネルギーが変化するが，このように一般化されたエネルギーは保存量であるとした．これが新しいエネルギー概念である．「仕事」すなわち力学的エネルギーが物体中で散逸さ

[注3] ヤング（Thomas Young, 1773-1829）も幅広い仕事をしている．生理光学の分野では眼球の調整機構を研究し(1791-1801)，色の三原色説を唱え(1801, 07)，有名なヤングの2重スリットの実験を通して，17世紀の光の波動説を19世紀初頭(1800-1804)に復活させた．弾性論ではヤング率を導入した(1807)．古代エジプト文字の解釈，血液循環の理論，度量衡委員会での秒振り子の提唱なども行っている．

[注4] ヘルムホルツ（H. L. F. von Helmholtz, 1821-94）は生理学を学んだ後に物理学に転向し，幅広い分野で活躍した．熱力学の分野ではエネルギー概念の拡張(1847)，ヘルムホルツの自由エネルギーの導入(1882)が有名である．音響学ではヘルムホルツ共鳴器，流体力学ではヘルムホルツの渦定理(1858)，気象学ではヘルムホルツ波(1888-89)，電磁気学ではヘルムホルツコイルに名を残した．弟子Hertzにヘルツの実験(1888)のヒントを提供した．

れるかどうかには関わりなく，一般化されたエネルギーが保存量であることを主張する．

また，ヘルムホルツはカルノー-クラペイロンの定理を第一種理想気体に適用して

$$\Theta = \theta + \theta_0$$

とした（ヘルムホルツの主張）．つまり，カルノー関数を第一種理想気体の温度と初めて結びつけたのもヘルムホルツである．

2.3.2 クラウジウスとトムソン

クラウジウス[注5]は，ジュールの「熱の仕事当量」の実験のように，「仕事」が「熱」に変換されるなら，もはや「熱素保存則」は成り立たない，したがって，逆に「熱」が「仕事」に変換される場合があっても不思議ではない，と考えた．つまり，新しい実験事実によらずに，論理的整合性から，エネルギー保存則の成立を主張した（1850）．クラウジウスが28歳のときである．また，熱学における「膨張の潜熱」Λは「仕事化された熱」であり，顕熱だけが実在熱であるとも主張した．これは「膨張の潜熱」Λを圧力と見なしたホルツマンの主張を言い換えたものである．

熱力学第一法則という呼称はクラウジウスの命名である．1850年にエネルギー保存則とクラウジウスの原理を提唱したクラウジウスは，前者を熱力学第一法則と呼び区別した．翌年には27歳のトムソン[注6]もエネルギー保存則とトムソンの原理を提唱した．こうして，19世紀中頃に，熱力学第一法則が確立され，クラウジウスの原理とトムソンの原理は後に熱力学第二法則と呼ばれるようになった．熱力学第二法則については章を改めて議論する．

[注5] クラウジウス（R. J. E. Clausius, 1822-88）は熱力学，気体分子運動論，統計力学の分野で顕著な仕事をした．熱力学では1850年にクラウジウスの原理を提唱し，熱力学の第一法則，第二法則，第一種永久機関，第二種永久機関の名付け親である．熱力学第二法則の定式化ではクラウジウスの不等式にその名を残した．可逆変化での不変量の導入の後にこれをエントロピーと命名し，エントロピー増大則(1865)を提唱した．気体分子運動論では平均自由行程の概念を提唱(1858)した．統計力学ではクラウジウス-モソッティの式(1879)が有名である．

2.3.3 飽和水蒸気の比熱の問題

クラウジウスに倣い飽和水蒸気の比熱の問題を議論しよう．単位質量，温度 θ_i の液体の水が温度 θ で気化して水蒸気になり温度 θ_f まで加熱される場合を考える．クラウジウスの議論はわかりにくいので修正して議論する．

まず，熱素量保存則に基づく「熱学」により飽和水蒸気の比熱を調べる．「熱学」には「仕事」概念が欠けているので全加熱量は

$$\Delta Q = \int_{\theta_i}^{\theta} C_{liquid}\, d\theta + L + \int_{\theta}^{\theta_f} C_{vapour}\, d\theta$$

である．これを水が気化する温度 θ で微分すると

$$\frac{d\Delta Q}{d\theta} = C_{liquid} + \frac{dL}{d\theta} - C_{vapour}$$

となる．「熱学」では「熱素量」Q を状態量と考えるので，全加熱量は液体の水が気化する温度 θ によらない．したがって

$$C_{vapour} = C_{liquid} + \frac{dL}{d\theta}$$

となる．これが熱学の結論である．

次に「仕事」を考慮する熱力学で考える．微小温度差 $\Delta\theta$ のサイクルを考えると，出力仕事は

$$\tilde{I}_{output} = \Delta p \Delta V = \frac{dp}{d\theta}\Delta\theta(V_{vapour} - V_{liquid})\Delta m$$

[注6] (前頁注) トムソン (W. Thomson, 1824-1907) はカルノーの正統な後継者となり，熱力学的温度目盛を提唱(1848-54)し，熱力学第二法則を提唱(1851, 52)した．ジュール-トムソンの細孔栓実験(1852-56)，熱電気現象のトムソン効果(1852-56)も有名である．電磁気学ではファラデーと知り合ってから電磁場の問題に関心をもつようになり，仮想的連続弾性体（エーテル）の歪みとしての場の議論（力の力学的議論）に執着し続け，自ら敗北宣言するに至る．精密計測器の開発に努力し，検流計の改良，電気計，象限電位計，抵抗測定用ダブルブリッジ，電流天秤，羅針盤の改良などが有名である．イギリスでは最初の学生実験室を設置したのもトムソンである．潮汐学の研究や有線通信にも貢献した．1892年にビクトリア女王から男爵位を授かり，勤務先グラスゴー大学の近くに流れていた川の名に因んでケルビン卿と名乗った．

である．Δm は高温部で気化し低温部で液化する質量である．温度 θ の高温部での吸熱量は
$$\tilde{Q}_{in,1} = L(\theta)\Delta m$$
温度 $\theta-\Delta\theta$ の低温部での放熱量は
$$\tilde{Q}_{out,1} = L(\theta-\Delta\theta)\Delta m \approx \left\{L(\theta)-\frac{dL}{d\theta}\Delta\theta\right\}\Delta m$$
である．作業物体が高温部から低温部へ移動する際には δm だけ気化するので
$$\tilde{Q}_{in,2} = L\delta m - (m_{vapour}+\Delta m)C_{vapour}\Delta\theta - (m_{liquid}-\Delta m)C_{liquid}\Delta\theta$$
だけ吸熱し，作業物体が高温部から低温部へ移動する際には δm だけ液化するので
$$\tilde{Q}_{out,2} = L\delta m - m_{vapour}C_{vapour}\Delta\theta - m_{liquid}C_{liquid}\Delta\theta$$
だけ放熱する．差し引き全吸熱量は
$$\tilde{Q}_{in,1}+\tilde{Q}_{in,2}-(\tilde{Q}_{out,1}+\tilde{Q}_{out,2}) \approx \left(\frac{dL}{d\theta}+C_{liquid}-C_{vapour}\right)\Delta\theta\Delta m$$
である．ここでエネルギー保存則を使うと
$$\frac{dL}{d\theta}+C_{liquid}-C_{vapour} = \frac{dp}{d\theta}(V_{vapour}-V_{liquid})$$
となる．つまりエネルギー保存則からの結論は
$$C_{vapour} = C_{liquid}+\frac{dL}{d\theta}-\frac{dp}{d\theta}(V_{vapour}-V_{liquid})$$
である．

　熱学からの結論とエネルギー保存則からの結論とは明らかに違う．ルニョー（H. V. Regnault, 1810-78）の測定データを使って評価すると，「熱学」からの結論では飽和蒸気の熱容量は正になるがエネルギー保存則からの結論では負になる．飽和蒸気の熱容量の符合の違いこそは熱学と熱力学との決定的な違いである，とクラウジウスは判断した．飽和蒸気の熱容量が負なら，飽和蒸気を断熱膨張により温度を下げると，発熱する．発熱するのは，温度が下がることにより飽和蒸気の一部が液化して潜熱を放出するからである．

　1862年になってクラウジウスの予想どおり，飽和蒸気の断熱膨張で霧が発生することが示された．このことはサイクル議論とエネルギー保存則の勝利と

されている．

しかし，上記の議論には問題がある．エネルギーの温度依存性を表現したものが熱容量なので，温度変化の際の束縛条件を明示する必要がある．体積一定なら定積熱容量，圧力一定なら定圧熱容量など，束縛条件が違えば違う熱容量が得られる．熱学で求めた C_{vapour} は蒸気の定圧熱容量であり，サイクル議論とエネルギー保存則とから求めた C_{vapour} はエネルギーの蒸気圧曲線に沿う温度変化だから，圧力一定ではない．2つの C_{vapour} が違うのは，束縛条件が違うので，当然のことだ．

さらに，クラウジウスは上記の議論を行うのに，理想サイクルを使っている．理想サイクルでは $\tilde{Q}_{in,2}=0$ と $\tilde{Q}_{out,2}=0$ とが成り立つ．作業物体が高温部と低温部とを往復する過程では往路も復路も断熱変化だからである．$\tilde{Q}_{in,2}=0$ と $\tilde{Q}_{out,2}=0$ とから，$C_{vapour}=C_{liquid}$ という結論が得られる．作業物体が，高温部で気化し，低温部で液化する過程は等温変化とし，高温部と低温部とを往復する過程を断熱変化とする理想サイクルでは，上記の議論は成り立たない．高温部と低温部とを往復する過程で外界との「熱」のやりとりを考慮して初めて意味がある．このようにクラウジウスは結論に気づいてから強引な議論をする傾向があるようだ．

最後にクラウジウスは，クラペイロン-クラウジウスの式とルニョーの測定値とを使って，「熱の仕事当量」を評価し，4.13 J/cal を得ている．クラウジウスはジュールの「熱の仕事当量」と一致していることから，エネルギー保存則とカルノー理論が正しいことの証左と結論している(1850)．

2.4 熱力学第一法則

熱力学第一法則は2つの部分から成る．

第一にエネルギー移動には2つの形態があり，1つは「熱」の移動であり，他は「仕事」の移動である．言い換えると，熱流 $\tilde{Q}$ と仕事流 $\tilde{I}$ の和はエネルギー流 $\tilde{H}$ に等しい：

$$\tilde{H}=\tilde{Q}+\tilde{I}$$

移動量としてのエネルギーを認識し，エネルギー流を熱流と仕事流の和とすることは，ファラデーの言葉に含まれていない．これは明らかに新しい認識である．エネルギー移動に2つの形態があるのであって，ヘルムホルツが力学的エネルギーと「熱」エネルギーとの和として考えた出入りするエネルギーは実はエネルギー流である．

「移動量としての熱や仕事」が状態量ではないように，エネルギー流も状態量ではない．熱学では仕事流がない場合だけを議論してきたので，熱学での熱流はエネルギー流と同じである．

こうしてカルノーが導入した「移動量としての仕事」も熱力学第一法則に自然な形で含まれるようになった．カルノーが導入した「仕事」が図示仕事だけに限定されていないことは熱力学第一法則にとっても重要なことである．輻射(放射)熱は輻射(放射)の形でのエネルギー移動である．輻射(放射)熱を輻射(放射)の形でのエネルギー移動と認識できるのも，熱力学第一法則のおかげである．しかし，このエネルギー流は熱流なのか仕事流なのか，それとも，両者の和なのか．これを解明するには輻射の熱力学的研究を待たねばならない．

第二に熱力学第一法則はエネルギー保存則とも呼ばれているように，エネルギーという保存量の存在を主張する．あるいは抽象概念としてのエネルギーは状態量としてのエネルギーと移動量としてのエネルギーという2つの形態で顕現するが，抽象概念としてのエネルギーは保存されることを主張する．このことは，示量性状態量としてのエネルギーが変化するなら，この変化に見合う量のエネルギー移動があることを意味する．保存量は流転するが生成したり消滅することがないからである．これはファラデーの言葉「自然界にあるさまざまな power には相関があり互いに変換されるが無からの発生はない」に現れている power を energy に読み替えたものにすぎない．

エネルギー保存則を定式化するための準備をしよう．示量性状態量としてのエネルギーの密度を U とすると，その場所での状態量としてのエネルギー密度の時間変化は $\partial U/\partial t$ である．したがって，ある体積内の示量性状態量としてのエネルギーの時間変化は $\partial U/\partial t$ の体積積分

2.4 熱力学第一法則

$$\int \frac{\partial U}{\partial t} dV$$

である．エネルギー生成率の密度を σ_U とするとこの体積内でのエネルギー生成率の総量は σ_U の体積積分

$$\int \sigma_U dV$$

である．単位面積を通過するエネルギー流を $\tilde{H}$ とすると，この体積の表面を通って流れ込むエネルギー流の総量は表面での面積分

$$-\int \tilde{H} dA$$

である．負号は，面積要素 dA の向きを外向きに選んだためである．したがって，示量性状態量としてのエネルギー密度 U，局所的エネルギー生成率 σ_U，エネルギー流密度 $\tilde{H}$ の関係は

$$\int \frac{\partial U}{\partial t} dV = \int \sigma_U dV - \int \tilde{H} dA \tag{2.1}$$

である．これは考えている体積によらない．考えている体積が孤立系なら，その表面を通過するエネルギー流は0だから

$$\int_{孤立系} \tilde{H} dA = 0$$

である．したがって，

$$\int_{孤立系} \frac{\partial U}{\partial t} dV = \int_{孤立系} \sigma_U dV \tag{2.2}$$

である．$\tilde{H}$ の表面積分は $\mathrm{div}\,\tilde{H}$ の体積積分である：

$$-\int \tilde{H} dA = -\int \mathrm{div}\,\tilde{H} dV$$

したがって(2.1)は

$$\int \frac{\partial U}{\partial t} dV = \int \sigma_U dV - \int \mathrm{div}\,\tilde{H} dV$$

となる．これは任意の体積で成立するので，任意の場所で

$$\frac{\partial U}{\partial t} = \sigma_U - \mathrm{div}\,\tilde{H} \tag{2.3}$$

である．逆に(2.3)なら(2.1)が成り立つ．(2.1)あるいは(2.3)は一組の概念

(示量性状態量としてのエネルギー，エネルギー流，エネルギー生成) の間の関係であり，一組の概念が(2.1)あるいは(2.3)で表現される関係概念であることを意味する．

エネルギー保存則はエネルギーが生成も消滅もしないことを主張する．つまり，任意の場所で

$$\sigma_U = 0 \tag{2.4}$$

である．これがエネルギー保存則の数式表現である．エネルギー保存則(2.4)を使うと，(2.2)は

$$\int_{\text{孤立系}} \frac{\partial U}{\partial t} dV = 0$$

となる．これは孤立系の全エネルギーが時刻によらないことを表している．エネルギー保存則(2.4)を使うと，(2.3)は

$$\frac{\partial U}{\partial t} = -\text{div}\,\tilde{H}$$

となる．この表現では，うっかりすると(2.4)を忘れる．(2.4)を忘れないようにするために，

$$\frac{\partial U}{\partial t} + \text{div}\,\tilde{H} = 0 \tag{2.5}$$

と表現する．この右辺が 0 であることにエネルギー保存則(2.4)が表現されている．

定常状態では，状態量としてのエネルギー U が時刻によらないから，div $\tilde{H}=0$ となる．つまり，定常状態では，エネルギー流は増えたり減ったりしない．例えば，定常熱伝導現象では div $\tilde{H}=0$ だけでなく仕事流もないので div $\tilde{Q}=0$ である．

示量性状態量としてのエネルギーは熱学での「熱素量」の代替概念である．移動量としてのエネルギーは熱流と仕事流とに分けることができるが，示量性状態量としてのエネルギー U は「熱」と「仕事」とに分けることはできない．

こうして熱学の基本法則である熱素量保存則はエネルギー保存則(2.4)へと拡張された．熱素量保存則の終焉とともに，もはや熱素の質量を云々する必要もなくなった．新しい熱力学は熱学の「熱素」をエネルギーと読み替え，熱流

2.4 熱力学第一法則

と仕事流をエネルギー流の異なる形態と認めた．

　発電所から送られてくる電磁エネルギーに支えられて生活している現代人はエネルギー流に慣れている．現代ではエネルギーという言葉も生活用語として定着している．このためにエネルギーやエネルギー流という言葉を容易に受け容れることができるし，熱力学第一法則も受け容れやすい．しかし熱流と仕事流とはいまだに生活用語としては定着していない．

　ここで用語の問題を指摘しておこう．熱力学第一法則が確立されて「熱素」や「熱素量」が無意味になったので，「熱」の流れという表現も意味を失った．熱流は，「熱」とは独立の概念であって，「熱」を使って定義したり説明したりすることができない概念である．熱流という独立概念は存在するが「熱」という独立概念は存在しない．「熱」と同様に「仕事」という独立概念も存在しない．独立概念として存在するのは仕事流であって，仕事流は「仕事」を使って定義したり説明したりすることのできない概念である．したがって「熱の仕事当量」は正確には熱流の仕事流当量である．紛らわしいのはエネルギー流である．熱力学第一法則はエネルギー流を認めるとともにエネルギー保存則によりエネルギーという状態量の存在を主張している．このためにエネルギー流を状態量としてのエネルギーの流れであると誤解しがちである．しかし，仕事流と熱流との和として定義されているエネルギー流は，状態量としてのエネルギーとは独立の概念である．にも拘わらず，熱力学第一法則はエネルギー流と状態量としてのエネルギーとの間にエネルギー保存則の形の関係を経験則として主張している．

　X 流という概念が X そのものの存在意義の有無とは別に意味があるということは科学史上画期的なことである．質点系の力学では質量流は運動量と呼ばれていて，質量を持つ質点がある速度で移動していると解釈できる．電磁気学では，エネルギー流束密度はポインティングベクトルとも呼ばれ $\boldsymbol{E} \times \boldsymbol{H}$ であり，運動量密度は $\boldsymbol{D} \times \boldsymbol{B}$ である．電磁気学のエネルギー流束密度は電磁エネルギー密度が光速で移動すると解釈できるが，電磁気学の運動量密度は電磁場の質量密度が光速で移動するという解釈は行われていない．このように X 流は X がある速度で移動するというイメージとは独立な概念である．

しかし，西洋思想では X 流という概念は保存量 X が存在することが前提とされる．西洋思想の基本概念は保存量であり，保存量 X の移動という解釈が成立して初めて X 流が認知される．このために保存量 X が見つからない場合には X 流という表現が嫌われる．電荷という保存量が発見されたので電流は生き残ったが，磁荷という保存量が見つからないので磁流は消え去った．長いこと，熱流や仕事流という言葉が排斥されてきたのは「熱」や「仕事」と呼ぶべき保存量がないためだろう．

熱力学第一法則は，エネルギー保存則と呼ばれるように，エネルギーの供給なしに「仕事」を続けることができないことを意味する．熱力学第一法則と初期の熱力学第二法則とにたどり着いたクラウジウスは熱力学第一法則に抵触する熱機関を第一種永久機関，熱力学第二法則に抵触する熱機関を第二種永久機関と呼んで区別した．熱力学第一法則は第一種永久機関が存在しないという経験則と同等である．前章で述べたように，カルノーは第一種永久機関が存在しないことをすでに使っていた．この頃までに永久機関を実現しようと夢見て失敗した多くの発明家がいたのだろう．熱力学第一法則は，熱力学第二法則とともに，永久機関実現の夢を果たせなかった発明家の失敗という経験則を自然法則として認めたことになる．熱力学第二法則については章を改めて議論する．

平衡状態では熱流 $\tilde{Q}$ も仕事流 $\tilde{I}$ もない．したがって平衡状態ではエネルギー流 $\tilde{H} \equiv \tilde{Q} + \tilde{I}$ もない．しかし，エネルギー流 $\tilde{H}$ がなくても，平衡状態とは限らない．仕事流 $\tilde{I}$ と熱流 $\tilde{Q}$ が相殺する場合があるからである．こういうわけで仕事流 $\tilde{I}$ と熱流 $\tilde{Q}$ とはエネルギー流 $\tilde{H}$ よりも基本的概念である．

非平衡状態でのエネルギー流 $\tilde{H}$ は，熱流 $\tilde{Q}$ がなければ，仕事流 $\tilde{I}$ に等しい．力学では熱流がない場合を議論する．仕事流 $\tilde{I}$ がなければ，エネルギー流 $\tilde{H}$ は熱流 $\tilde{Q}$ に等しい．熱伝導がこの典型例である．一般には熱流 $\tilde{Q}$ と仕事流 $\tilde{I}$ とが共存するので事態は複雑である．「生成量としての熱」は摩擦熱の場合には一様温度での「仕事の散逸」である．

2.5 原動機の効率とヒートポンプの成績係数

熱力学第一法則を使って,原動機の効率とヒートポンプの成績係数を議論しよう.原動機の出力仕事は,エネルギー保存則により,$\tilde{Q}_H - \tilde{Q}_C$ に等しいから,原動機の効率は

$$\eta = \frac{\tilde{Q}_H - \tilde{Q}_C}{\tilde{Q}_H} = 1 - \frac{\tilde{Q}_C}{\tilde{Q}_H}$$

である(図 2.1).したがって,原動機の効率を高くするには,$\tilde{Q}_C/\tilde{Q}_H$ を小さくすることが必要である.

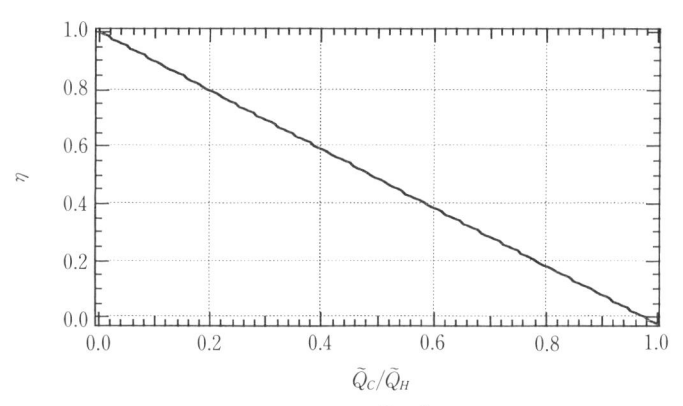

図 2.1 原動機の効率と $\tilde{Q}_C/\tilde{Q}_H$ との関係.

ヒートポンプの入力仕事は,エネルギー保存則により,$\tilde{Q}_H - \tilde{Q}_C$ に等しいから,ヒートポンプの成績係数は

$$COP = \frac{\tilde{Q}_C}{\tilde{Q}_H - \tilde{Q}_C} = \frac{\frac{\tilde{Q}_C}{\tilde{Q}_H}}{1 - \frac{\tilde{Q}_C}{\tilde{Q}_H}}$$

である(図 2.2).したがって,成績係数を大きくするには $\tilde{Q}_C/\tilde{Q}_H$ を大きくする必要がある.

こうして熱機関の効率と成績係数とが,熱力学第一法則により,仕事流を使

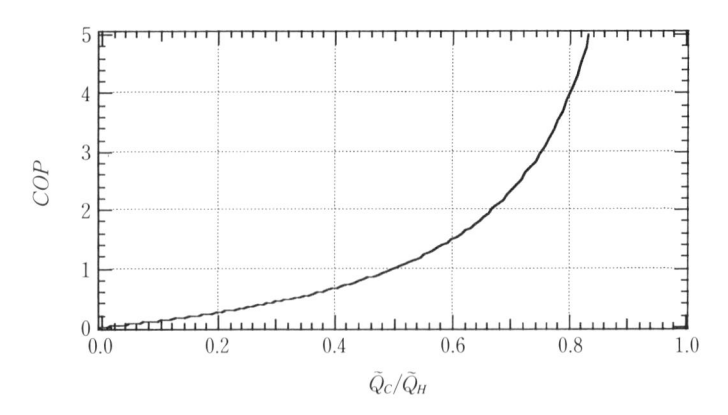

図 2.2 ヒートポンプの成績係数と $\tilde{Q}_C/\tilde{Q}_H$ との関係．

わずに熱流だけで定式化された．このことは熱機関の効率や成績係数にとっては仕事流よりも熱流のほうが本質的であることを示唆している．

例題 1 消費電力 1 kW で冷房能力 2 kW の空調機がある．この空調機が建家外に放出する熱量はいかほどか．またこの空調機の成績係数はいかほどか．

解 この空調機は 1 kW の入力仕事で 2 kW の「熱」を吸収しているので，熱力学第一法則により，建家外に放出する熱量は両者の和 3 kW である．成績係数は 2 kW/(3 kW − 2 kW) = 2 である．

例題 2 消費電力 1 kW で暖房能力 3 kW の空調機がある．この空調機が建家外から吸収する熱量はいかほどか．またこの空調機の成績係数はいかほどか．

解 この空調機は 1 kW の入力仕事で建家内に 3 kW の「熱」を放出しているので，熱力学第一法則により，建家外からは両者の差 2 kW の「熱」を吸収している．成績係数は 2 kW/(3 kW − 2 kW) = 2 である．

例題 3 燃料を燃やすことにより 3 MW の「熱」を吸収して，1 MW の電力を取り出す発電機がある．この発電機の放熱量はいかほどか．またこの発電機の効率はいかほどか．

解 この発電機は3 MWの「熱」を吸収して，1 MWの仕事を放出するので，熱力学第一法則により，2 MWの「熱」を放出する．効率は(3 MW−2 MW)/3 MW＝1/3である．

2.6　基本概念とイメージの変更

2.6.1　基本概念の変更

「熱素量」が消滅して，その替わりに，状態量としてのエネルギーとエネルギー流とエネルギー生成とが出現した．この3つの概念が新しい熱力学の基本概念である．状態量としてのエネルギー U とエネルギー流 $\tilde{H}$ と局所的エネルギー生成率 σ_U とは一組の関係概念であり，3つの概念の関係は(2.1)であり，微分形式では(2.3)である．

エネルギー流概念と先験的熱流概念とカルノーが導入した仕事流概念との間にも1つの関係がある．エネルギー流 $\tilde{H}$，熱流 $\tilde{Q}$，仕事流 $\tilde{I}$ の間の関係は

$$\tilde{H} \equiv \tilde{Q} + \tilde{I}$$

である．

熱力学第一法則はエネルギー保存則とも呼ばれているようにエネルギーが生成することも消滅することもないことを主張するので，$\sigma_U = 0$ である．エネルギー保存則は熱学の「熱素量保存則」と力学の「力学的エネルギー保存則」とを総合したものである．

基本概念の変更と熱力学第一法則とは孤立系・閉鎖系・開放系などの概念も産み出した．孤立系は物質の出入りも，「熱」や「仕事」の出入りもない系であり，孤立系の質量と状態量としてのエネルギーは不変である．閉鎖系は物質の出入りはないが，「熱」や「仕事」の出入りが可能な系であり，閉鎖系では質量は不変だが，状態量としてのエネルギーは変化可能である．開放系は物質の出入りも，「熱」や「仕事」の出入りも可能な系であり，開放系では質量も状態量としてのエネルギーも変化可能である．

2.6.2 イメージの変更

基本概念の変更はイメージの変更をもたらした．ここでは熱伝導現象，原動機，ヒートポンプを例として新しいイメージを紹介する．

熱伝導現象では仕事流がない：
$$\tilde{I} = 0$$
また，熱伝導現象では熱流は温度勾配に比例する．熱伝導度を κ とすると
$$\tilde{Q} = -\kappa \operatorname{grad} \theta$$
となる．したがって，
$$\tilde{H} = -\kappa \operatorname{grad} \theta$$
である．さらにエネルギーの時間変化を温度の時間変化で書くと

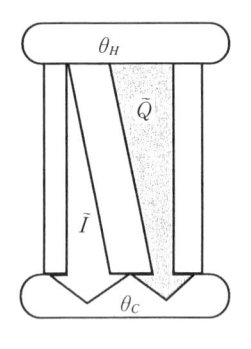

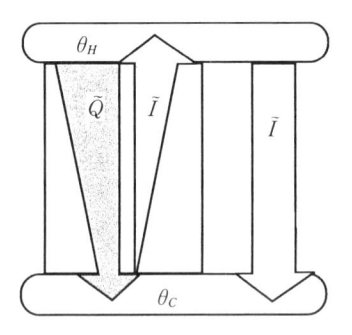

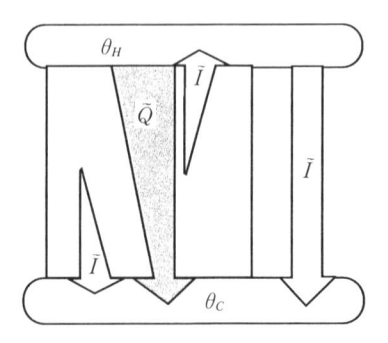

図 2.3 原動機のイメージ．

2.6 基本概念とイメージの変更

$$\frac{\partial U}{\partial t} = C\frac{\partial \theta}{\partial t}$$

となる．これに熱力学第一法則を適用するとフーリエ方程式が導かれる．

原動機では高温部から低温部へ向かう熱流が減少する．熱力学第一法則により，これに伴う仕事流の増大がある．このようにエネルギー変換が行われている流路を主流路と呼ぶ．低温部から高温部へ向かう仕事流で出力仕事を低温部から取り出す場合には，仕事流だけの副流路も必要である(図2.3)．

ヒートポンプでは低温部から高温部へ向かう熱流が増大する．熱力学第一法則により，これに伴う仕事流の減少がある．入力仕事を高温部から入力する場合には仕事流だけの副流路も必要である(図2.4)．

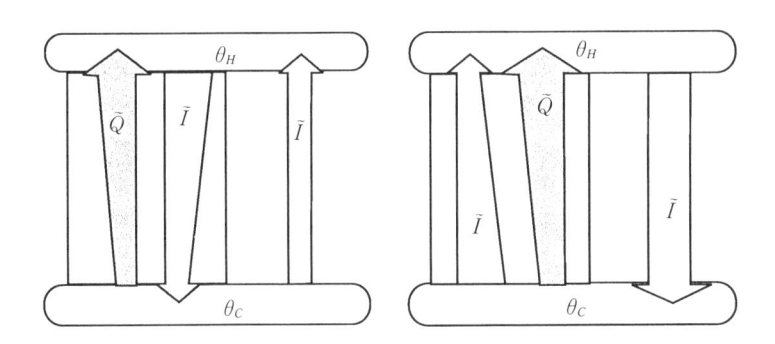

図2.4 ヒートポンプのイメージ．

まとめると，熱機関には2つのエネルギー流路がある．主流路では熱流と仕事流との変換を行い，仕事流の帰り道として副流路が必要である．

例題 4 次のような2段式原動機を考える．1段目の原動機は $\tilde{Q}_H$ の「熱」を吸収し，$\tilde{Q}_M$ の「熱」を放出する．2段目の原動機は $\tilde{Q}_M$ の「熱」を吸収して，$\tilde{Q}_C$ の「熱」を放出する．各段ごとの効率と全体の効率との関係を求めよ．

解 全体の効率を η，1段目の効率を η_1，2段目の効率を η_2 とすると

$$\eta = 1 - \frac{\tilde{Q}_C}{\tilde{Q}_H}$$

$$\eta_1 = 1 - \frac{\tilde{Q}_M}{\tilde{Q}_H}$$

$$\eta_2 = 1 - \frac{\tilde{Q}_C}{\tilde{Q}_M}$$

である．したがって

$$1 - \eta = (1 - \eta_1)(1 - \eta_2)$$

あるいは

$$\eta = \eta_1 + \eta_2 - \eta_1 \eta_2$$

となる．

特に η_1 と η_2 とがともに 1 にくらべて充分小さい場合には

$$\eta \approx \eta_1 + \eta_2$$

がよい近似となる．

例題 5 次のような2段式冷凍機を考える．2段目の冷凍機は，$\tilde{Q}_C$ の「熱」を吸収して，$\tilde{Q}_M$ の「熱」を放出する．1段目の冷凍機は，$\tilde{Q}_M$ の「熱」を吸収して，$\tilde{Q}_H$ の「熱」を放出する．各段ごとの成績係数と全体の成績係数との関係を求めよ．

解 全体の成績係数を COP とすると，

$$COP = \frac{\tilde{Q}_C}{\tilde{Q}_H - \tilde{Q}_C} = \frac{\frac{\tilde{Q}_C}{\tilde{Q}_H}}{1 - \frac{\tilde{Q}_C}{\tilde{Q}_H}}$$

だから

$$\frac{\tilde{Q}_C}{\tilde{Q}_H} = \frac{COP}{1 + COP}$$

である．同様にして1段目の成績係数を COP_1，2段目の成績係数を COP_2 とすると

$$\frac{\tilde{Q}_M}{\tilde{Q}_H} = \frac{COP_1}{1 + COP_1}$$

$$\frac{\tilde{Q}_C}{\tilde{Q}_M} = \frac{COP_2}{1 + COP_2}$$

である．したがって，求める関係は

$$\frac{COP}{1+COP} = \frac{COP_1}{1+COP_1}\frac{COP_2}{1+COP_2}$$

あるいは

$$COP = \frac{1+COP}{(1+COP_1)(1+COP_2)}COP_1COP_2$$

となる．

特に COP_1 と COP_2 とが1にくらべて充分小さい場合には

$$COP \approx COP_1 COP_2$$

がよい近似となる．

成績係数の逆数

$$FOM \equiv \frac{1}{COP}, \quad FOM_1 \equiv \frac{1}{COP_1}, \quad FOM_2 \equiv \frac{1}{COP_2}$$

を導入すると，成績係数の間の関係は

$$1+FOM = (1+FOM_1)(1+FOM_2)$$

あるいは

$$FOM = FOM_1 + FOM_2 + FOM_1 FOM_2$$

となる．FOM は figure of merit を意味する．

特に COP_1 と COP_2 とが1にくらべて充分大きい場合には，FOM_1 と FOM_2 とが1にくらべて充分小さいので，

$$FOM \approx FOM_1 + FOM_2$$

あるいは

$$\frac{1}{COP} \approx \frac{1}{COP_1} + \frac{1}{COP_2}$$

がよい近似となる．

2.7 新しい問題

熱力学第一法則が確立されたことにより，熱学を拡張した新しい熱力学はカルノーの熱力学をも呑み込んだかのように見える．しかし新たに3つの問題が

出現した．

　第一に移動量としての「熱」と「仕事」を区別する指標は何かという問題である．「熱」と「仕事」とはどこが違うのかといってもよい．より正確には熱流と仕事流の区別の問題である．どちらもエネルギー移動の形態であり，エネルギー移動という視点からは区別できない．それにもかかわらず，熱流と仕事流とはどこかが違う．違うから言葉を使い分けているのだが，熱流と仕事流を区別する指標がわからない．熱流と仕事流を区別する指標がはっきりして初めて熱流と仕事流とが明確になる．

　第二に移動量としての「熱」と「仕事」の変換に関わる問題である．より正確には熱流と仕事流との変換に関わる問題である．「熱の仕事当量」の測定の場合には仕事流を熱流に完全に変換することができるが，原動機では熱流を仕事流に完全に変換することは不可能である．つまり熱流と仕事流との変換は非対称である．この非対称性をどのように表現したらよいのかがわからない．

　第三に温度に対応する示量性状態量は存在するのか，存在するとするならそれは何か，という問題である．温度以外の示強性状態量には対応する示量性状態量があり，示強性状態量とそれに対応する示量性状態量との積はエネルギーの次元を持つ．圧力には体積が対応し，電位には電荷が，電場には電気分極が，磁場には磁化が対応する．しかし温度に対応する示量性状態量が見あたらない．

　この3つの問題が解決されない限り，新しい熱力学も未完成と言わざるを得ない．

　第一の問題は，すでにカルノーが「覚え書き」で悩んでいた問題であり，トムソンが悩み続けた問題である．この問題は後にエントロピー流の導入により解決された．現在の立場でみると，熱力学第一法則に気づいたカルノーは後のエントロピー流増大則まで射程に入れて悩んでいたことになる．カルノーとその後継者トムソンは，熱流と仕事流との違いに着目していたのだが，マイヤー，ジュール，ヘルムホルツにはこの問題意識がなかった．このために，熱流と仕事流とをエネルギー流という共通項でくくり出すことに専念できた．熱流と仕事流との相互変換に際して，熱力学第一法則は熱流と仕事流との同等性を

強調している．

　トムソンは初めの2つの問題に着目したが，クラウジウスは第一の問題には拘泥せず，第二の問題にのみ着目した．クラウジウスがトムソンより先行できたのは，このためだろう．熱流と仕事流との変換に着目してエントロピー流増大則に到達した．このことについては章を改めて議論する．

2.8 まとめ

　「熱」と「仕事」の同等性に着目し，熱学で無視された「生成量としての熱」の研究を通して，19世紀中頃に，熱力学第一法則が確立された．基本概念と基本法則とに大幅な変更がなされた．熱学での「状態量としての熱」は示量性状態量としてのエネルギーに変身し，「移動量としての熱」と「移動量としての仕事」はエネルギー流の異なる形態であると見なされるようになった．熱学は新しい熱力学の仕事流がないという特別な場合に含まれ，力学は新しい熱力学の熱流がないという特別な場合に含まれる．示量性状態量としてのエネルギーとエネルギー流とエネルギー生成とは一組の関係概念であり，新しい熱力学の基本概念である．熱力学第一法則は局所的エネルギー生成は0であることを主張する自然法則である．新しい熱力学は生活体験で獲得された概念をすべて含むという意味では完全である（表2.2）．

表 2.2　取り扱う概念の比較．

	当時の生活体験	カルノーの熱力学	新しい熱力学
温度	○	○	○
移動量としての熱：熱流	○	○	○
生成量としての熱：発熱	○	—	○
輻射(放射)熱	○	—	○
状態量としてのエネルギー	×	×	○
移動量としてのエネルギー：エネルギー流	×	×	○
移動量としての仕事：仕事流	△	○	○

しかし新たに次の 3 つの問題が出てきた：
1. 熱流と仕事流を区別する指標は何か
2. 熱流と仕事流の変換の非対称性をどのように表現するか
3. 温度に対応する示量性状態量は何か

熱力学第一法則を伴う新しい熱力学は未完成であり，新しい熱力学が完成するためには上記の 3 つの問題を研究する必要がある．

第3章
熱力学第二法則の誕生

　　自然界に生じる変化はいつも熱力学第一法則を満足している．しかし，熱力学第一法則を満足する変化がすべて自然界で生じるとは限らない．熱力学第一法則を満足していても，自然界で生じる変化と，自然界では決して生じない変化とがある．熱力学第二法則はこの区別を与える経験則の1つである．

3.1　熱力学第二法則の提唱

　クラウジウスは1850年にクラウジウスの原理を提唱し，トムソンはその翌年にトムソンの原理を提唱した．いずれも，新しい自然法則であり，熱力学第二法則の提唱とされている．クラウジウスの原理(1850)は
　　「低温の物体から高温の物体に熱を移すだけで，それ以外に何の変化
　　も残さないような過程は実現できない」
と表現された．トムソンの原理(1851)は
　　「一様な温度では，1つの熱源から熱をとりそれと等しい量の仕事を
　　するだけで，それ以外には何の変化も残さないような過程は実現でき
　　ない」
と表現され，後に「第二種永久機関は存在しない」と言い換えられた(1852)．
　この2つの原理が同等であることは背理法により証明できる．
　まずトムソンの原理を使ってクラウジウスの原理を証明しよう．このためにクラウジウスの原理を否定してみる．つまり「低温の物体から高温の物体に熱を移すだけで，それ以外に何の変化も残さないような過程が存在する」と仮定

してみる．そうするとカルノー機関(原動機)で低温部に放出した熱をこの過程を使って高温部に戻すことが可能となる．これはトムソンの原理に反する．したがって，トムソンの原理が正しいなら，クラウジウスの原理も正しい．

次にクラウジウスの原理を使ってトムソンの原理を証明しよう．このためにトムソンの原理を否定してみる．つまり「第二種永久機関が存在する」と仮定してみる．そうするとこの第二種永久機関の出力仕事を使って，カルノー機関(冷凍機)を運転することができる．これはクラウジウスの原理に反する．したがって，クラウジウスの原理が正しいなら，トムソンの原理も正しい．

いずれもカルノー機関と背理法とを使った議論であり，カルノーの論法そのものである．カルノーの論法の力強さがここにも現れている．

ここから熱力学の建設に向かったクラウジウスは，熱力学第一法則に抵触する熱機関を第一種永久機関と名付けた．さらに，クラウジウスの原理あるいはトムソンの原理を熱力学第二法則と命名し，熱力学第二法則に抵触する熱機関を第二種永久機関と名付けた．第一種永久機関が存在しないのは熱力学第一法則の現れであり，第二種永久機関が存在しないのは熱力学第二法則の現れである．永久機関が存在しないということは永久機関の発明を夢見て日夜努力した発明家達の努力が決して報われることがなかったという壮大な経験則である．

次にクラウジウスは，自然界には可逆変化と不可逆変化があることに着目した．注目している系と外界とを合わせた系の状態が変化しても，元に戻せる過程が1つでも存在するなら可逆変化であり，そうでない場合には不可逆変化である．自然界で生じる現実の変化はいつも不可逆であり，カルノーの理想サイクルのような机上の空論でのみ可逆であると看破したのだ．

順サイクルを考えてみよう．作業物体の状態は完全に元に戻る．

$$\oint dU = 0$$

$$\oint dV = 0$$

このサイクルで作業物体は外界に

$$\oint p dV$$

だけの「仕事」を放出する．熱力学第一法則により作業物体は

$$\tilde{Q}_H - \tilde{Q}_C = \oint p dV$$

だけの「熱」を外界から受け取る．しかし全系の状態が元に戻るとは限らない．一般のサイクルでは外界の何かが変化している．クラウジウスは不可逆変化で変化しているモノを追い求めた．

3.2 「変換の当量」の法則

　熱力学第一法則が誕生すると，熱力学の基本概念は熱流と仕事流であることが広く認められるようになった(第2章)．クラウジウスは，熱流と仕事流との変換を研究し，「変換(Verwandlung)の当量」の法則を見いだした．

　クラウジウスの議論は難解である．クラウジウスが議論のための道具として「補償」(Kompensation) という独特の概念を導入しただけでなく，クラウジウスが「熱」という言葉を使い続けているためでもある．熱力学第一法則の確立とともに状態量としての「熱」が無意味となり，熱流だけが残ったので，クラウジウスの「熱」は熱流を意味する．

　クラウジウスは1851年にカルノーの定理を2種類の変換の間の関係と読み替えた．2種類の変換とは「熱」と「仕事」との相互変換と，2つの温度で行われる「高温の熱」と「低温の熱」との変換とである(表3.1)．前者を第一種の変換，後者を第二種の変換と呼んだ．

表 3.1　二種類の変換．

	第一種の変換	第二種の変換
独立に存在し得る変換	「仕事」→「熱」	「高温の熱」→「低温の熱」
独立には存在し得ない変換	「熱」→「仕事」	「低温の熱」→「高温の熱」

　このことは次の2つのことを意味する．
　第一に，「高温の熱」，「低温の熱」という表現から明らかなように，「熱」は温度によってその潜在能力が異なることを認識していた．

第二に，一般的には第一種の変換には第二種の変換を伴うという事実認識から，この2つの変換の間には必然的にある種の関係があるに違いないと捉えた．

　第一種の変換と第二種の変換とが独立な場合もある．「熱の仕事当量」の実験では，「仕事」から「熱」への変換（第一種の変換）が行われるが，第二種の変換を伴わない．熱伝導現象では，「高温の熱」から「低温の熱」への変換（第二種の変換）が行われるが，第一種の変換を伴わない．

　しかし熱機関では一般には第一種の変換と第二種の変換とが共存する．原動機は「熱」を「仕事」へ変換（第一種の変換）する際に「高温の熱」から「低温の熱」への変換（第二種の変換）を伴う．ヒートポンプでは「仕事」から「熱」への変換（第一種の変換）を行うさいに「低温の熱」から「高温の熱」への変換（第二種の変換）を伴う．

　このように2つの変換は必ずしも独立とは限らない．クラウジウスは2つの変換の間の関係を「補償」という言葉で表し，2つの変換は互いに「補償」し合うと表現した．例えば，原動機では独立には存在し得ない「熱」から「仕事」への第一種の変換が行われるが，これは独立に存在し得る「高温の熱」から「低温の熱」という第二種の変換により「補償」される．ヒートポンプでは独立には存在し得ない「低温の熱」から「高温の熱」という第二種の変換が行われるが，これは独立に存在し得る「仕事」から「熱」への第一種の変換により「補償」される．このようにクラウジウスは考えた．

　次にクラウジウスは「熱」と「仕事」との変換を数量的に扱うために，次のように定義される「変換の当量」という概念を導入した．1つの温度 θ での「仕事」から「熱」への「変換の当量」を，発熱量 $\tilde{Q}$ を使って $f(\theta)\tilde{Q}$ とした．つまり，第一種の変換では「変換の当量」は発熱量 $\tilde{Q}$ に比例し，その比例係数は温度 θ の未知関数 $f(\theta)$ である．「高温の熱」から「低温の熱」への「変換の当量」を $F(\theta_H \to \theta_C)\tilde{q}$ とした．つまり，第二種の変換が熱流 $\tilde{q}$ が変わらないように行われる場合には「変換の当量」は熱流 $\tilde{q}$ に比例し，その比例係数は2つの温度 θ_H と θ_C との未知関数 $F(\theta_H \to \theta_C)$ であるとした．矢印は熱流 $\tilde{q}$ の向きが温度 θ_H から温度 θ_C へ向かう方向であることを表す．

3.2 「変換の当量」の法則

　このように定義した「変換の当量」の数式的表現には「仕事」が顕わには現れていない．「仕事」を忘れたわけではないが，「変換の当量」が「熱」すなわち熱流によって表現されている．第2章で示したように，熱力学第一法則を使うと原動機の効率や成績係数も熱流だけで表現できる．このことは熱機関にとっては仕事流よりも熱流のほうが本質的であることを示唆している．おもに力学的概念である「仕事」に対して，「熱」が熱力学的概念の中心的存在であることをクラウジウスは看破していたのだろう．

　さらにクラウジウスは，独立に―「補償」なしに―生じ得る変換と，独立には存在し得ない変換とを区別するために，「変換の当量」の符号を次のように定義した．独立に生じ得る変換では「変換の当量」を正とし，独立には存在し得ない変換では「変換の当量」を負と約束する．

　「変換の当量」の符号の定義により $f(\theta)>0$ である．ジュールの「熱の仕事当量」の実験のように，1つの温度 θ での「仕事」から「熱」への変換は独立に生じ得るものである．この場合には発熱量 $\tilde{Q}$ は正なので，「変換の当量」の符号の定義により $f(\theta)>0$ である．経験によれば，1つの温度 θ での「熱」から「仕事」への変換は独立には生じ得ない．この場合には $\tilde{Q}<0$ なので，「変換の当量」の符号の定義により $f(\theta)>0$ である．したがって，いずれにしても，$f(\theta)>0$ である．つまり，1つの温度 θ の関数 $f(\theta)$ は常に正である．

　定常熱伝導現象のように，「高温の熱」から「低温の熱」への変換は独立に生じ得るものであり，この場合には熱流 $\tilde{q}$ が一様で向きが温度 θ_H から温度 θ_C へ向かう方向なので，「変換の当量」の符号の定義により，$F(\theta_H \to \theta_C)>0$ である．逆に熱流 $\tilde{q}$ が一様なままで「低温の熱」から「高温の熱」への変換が独立に生じる例がない．したがって $F(\theta_C \to \theta_H)<0$ である．つまり，2つの温度の関数 F は熱流 $\tilde{q}$ の向きにより，符号が変わる．

　$f(\theta)>0$, $F(\theta_H \to \theta_C)>0$, $F(\theta_C \to \theta_H)<0$ は経験則そのものである．

　最後にクラウジウスは2つの関数 $f(\theta)$ と $F(\theta_H \to H_C)$ との間の関係を調べた．この先のクラウジウスの議論はさらにわかりにくい．クラウジウスの議論では3つの温度の間で動作する複雑なサイクルを持ち込み，明らかにおかしい議論を行っている．クラウジウスは，結論に気づいてから，強引に結論を導き

出そうとしているように見える．暗黙のうちに理想気体近似を使っていることを考慮しても，クラウジウスの議論はすっきりしない．しかし結論はきれいで
$$f(\theta_C) - f(\theta_H) = F(\theta_H \to \theta_C)$$
である．

クラウジウスの議論を修正，補足するために，ここではクラウジウスの精神のみ受け継ぎ，別の議論でこの結論を導こう．

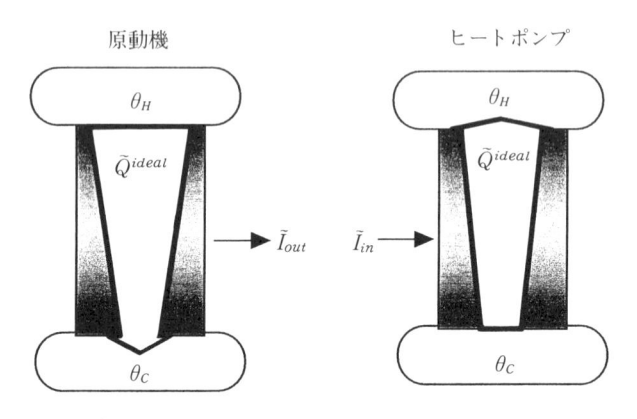

図 3.1　クラウジウスが抱いた理想的熱機関のイメージ．

初めに理想的熱機関(図 3.1)を考えよう．理想的熱機関では「熱」と「仕事」の変換は第一種の変換だけであり，第一種の変換だけで「変換の当量」が零になる．理想的原動機では，低温部での放熱量を $\tilde{Q}_C^{ideal}$，高温部での吸熱量を $\tilde{Q}_H^{ideal}$ とすると，「変換の当量」は，低温部では正だが高温部では負となり，合わせて
$$f(\theta_C)\tilde{Q}_C^{ideal} - f(\theta_H)\tilde{Q}_H^{ideal} = 0$$
となる．理想的ヒートポンプでは，高温部での放熱量を $\tilde{Q}_H^{ideal}$，低温部での吸熱量を $\tilde{Q}_C^{ideal}$ とすると，「変換の当量」は，高温部では正だが低温部では負となり，合わせて
$$-f(\theta_C)\tilde{Q}_C^{ideal} + f(\theta_H)\tilde{Q}_H^{ideal} = 0$$
となる．したがって

3.2 「変換の当量」の法則

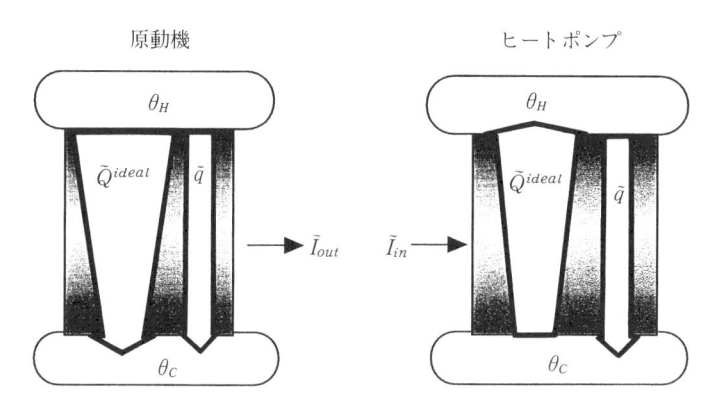

図3.2 クラウジウスが抱いた一般の熱機関のイメージ．

$$f(\theta_C)\widetilde{Q}_C^{ideal} = f(\theta_H)\widetilde{Q}_H^{ideal}$$

である．

しかし，一般の熱機関(図3.2)では第二種の変換も考慮する必要がある．一般の原動機では，低温部での放熱量を $\widetilde{Q}_C$，高温部での吸熱量を $\widetilde{Q}_H$ とすると，第一種の変換だけでは「変換の当量」は

$$f(\theta_C)\widetilde{Q}_C - f(\theta_H)\widetilde{Q}_H \geq 0$$

であり，第二種の変換 $F(\theta_H \to \theta_C)\widetilde{q}$ により「補償」されている：

$$f(\theta_C)\widetilde{Q}_C - f(\theta_H)\widetilde{Q}_H = F(\theta_H \to \theta_C)\widetilde{q}$$

一般のヒートポンプでは，高温部での放熱量を $\widetilde{Q}_H$，低温部での吸熱量を $\widetilde{Q}_C$ とすると，第一種の変換だけでは「変換の当量」は

$$f(\theta_H)\widetilde{Q}_H - f(\theta_C)\widetilde{Q}_C \geq 0$$

であり，第二種の変換 $F(\theta_H \to \theta_C)\widetilde{q}$ により「補償」されている：

$$f(\theta_H)\widetilde{Q}_H - f(\theta_C)\widetilde{Q}_C = F(\theta_H \to \theta_C)\widetilde{q}$$

$\widetilde{q}$ を，熱伝導現象による「熱」の移動 $\widetilde{Q}_\kappa$ のように，高温部と低温部とで共通な熱流と解釈すると，$\widetilde{Q}_H$ と $\widetilde{Q}_C$ とは $\widetilde{q}$ と $\widetilde{Q}_H^{ideal}$ と $\widetilde{Q}_C^{ideal}$ により次のように表すことができる．原動機では

$$\widetilde{Q}_H = \widetilde{Q}_H^{ideal} + \widetilde{q}$$

$$\tilde{Q}_C = \tilde{Q}_C^{ideal} + \tilde{q}$$

ヒートポンプでは
$$\tilde{Q}_H = \tilde{Q}_H^{ideal} - \tilde{q}$$
$$\tilde{Q}_C = \tilde{Q}_C^{ideal} - \tilde{q}$$

となる．したがって，一般の原動機では
$$f(\theta_C)(\tilde{Q}_C^{ideal} + \tilde{q}) - f(\theta_H)(\tilde{Q}_H^{ideal} + \tilde{q}) = F(\theta_H \to \theta_C)\tilde{q}$$

であり，一般のヒートポンプでは
$$f(\theta_H)(\tilde{Q}_H^{ideal} - \tilde{q}) - f(\theta_C)(\tilde{Q}_C^{ideal} - \tilde{q}) = F(\theta_H \to \theta_C)\tilde{q}$$

である．いずれからも $\tilde{q}=0$ の場合には理想的熱機関での関係式が得られる．

最後に，理想的熱機関での関係
$$f(\theta_H)\tilde{Q}_H^{ideal} = f(\theta_C)\tilde{Q}_C^{ideal}$$

を考慮すると，一般の熱機関では
$$f(\theta_C)\tilde{q} - f(\theta_H)\tilde{q} = F(\theta_H \to \theta_C)\tilde{q}$$

となる．これが q の大小によらず成り立つためには
$$f(\theta_C) - f(\theta_H) = F(\theta_H \to \theta_C)$$

が必要である．こうして $f(\theta_C)$ と $f(\theta_H)$ と $F(\theta_H \to \theta_C)$ との関係が導かれた．

$\tilde{q}$ が熱伝導現象のような「熱」の移動であることをクラウジウスは顕わには述べていない．もし熱伝導だけなら $\tilde{q}$ を熱伝導度と温度勾配とで表現できるが，高温部から低温部へ移動する際に大きさを変えない「熱」が熱伝導現象以外にも存在することを否定できないからであろう．高温部から低温部へ移動する際に大きさを変えないような「熱」の移動をクラウジウスは一般的に「高温の熱」から「低温の熱」への変換と表現したのだ．このような断り書きなしに「高温の熱」から「低温の熱」への変換と表現されても凡人にはイメージがつかめない．せめて一例として熱伝導現象を挙げてくれたらわかり難さが少しは減ったのに．なお $\tilde{q}=0$ の場合は，カルノーの断熱変化に相当するので，理想熱機関になるのは当然である．$\tilde{q}$ は熱機関にとって無駄な熱流である．

関係 $F(\theta_H \to \theta_C) > 0$ を考慮すると，関係式
$$f(\theta_C) - f(\theta_H) = F(\theta_H \to \theta_C)$$

は $f(\theta)$ が温度 θ の減少関数であることを意味する．したがって $1/f(\theta)$ は熱

力学的温度としての特徴をもち，熱力学的温度を
$$T(\theta) \equiv \frac{1}{f(\theta)}$$
と定義すると
$$F(\theta_H \to \theta_C) = \frac{1}{T(\theta_C)} - \frac{1}{T(\theta_H)}$$
となる．

　こうして熱力学的温度 T における第一種の変換の「変換の当量」は $\tilde{Q}/T$ であり，「熱」 $\tilde{q}$ の温度 T_H から温度 T_C への移動による第二種の変換の「変換の当量」は $\tilde{q}/T_C - \tilde{q}/T_H$ であるという結論に達した．これがクラウジウスの「変換の当量」の法則である．

　このように整理されたクラウジウスの議論には熱機関の作業物体が使われていないので $1/f(\theta)$ を熱力学的温度に対応させる必然性が見あたらない．クラウジウスは暗黙の内に第一種理想気体からなる作業物体を想定しているので，クラウジウスにとっては迷いがない．クラウジウスは何の躊躇いもなくヘルムホルツの主張(第2章)を受けいれ，第一種理想気体の温度を熱力学的温度としている．熱力学的温度の問題については第4章で議論する．

例題 1 2つの熱源の間を一定熱容量 C の物体が体積不変で往復運動する場合を考え，高温熱源から低温熱源への「熱」の移動を議論せよ．

　解 始めに低温 T_C の熱源と熱平衡になっているとしよう．このとき物体の温度は T_C である．次にこの物体が高温 T_H の熱源に接触する．熱平衡に達するまでに，高温熱源からこの物体に $C(T_H - T_C)$ だけのエネルギーが「熱」の形で移動する．体積不変なので「仕事」の出入りはない．物体が高温熱源と熱平衡になると物体の温度は T_H になる．

　物体が高温熱源と熱平衡に達した後に，この物体を低温熱源に接触させる．熱平衡に達するまでに，低温熱源はこの物体から $C(T_H - T_C)$ だけのエネルギーを「熱」の形で受け取る．物体が低温熱源と熱平衡になると物体の温度は T_C になる．

この1サイクルで物体の状態は完全にもとの状態に戻った．しかしその結果高温熱源の「熱」は $C(T_H - T_C)$ だけ減少し，低温熱源の「熱」は $C(T_H - T_C)$ だけ増加した．したがって，$C(T_H - T_C)$ だけの「熱」が高温熱源から低温熱源へ移動したことになる．この「熱」の移動は明らかに熱伝導とは機構が異なる．これがクラウジウスの「高温の熱」から「低温の熱」への変換である．

3.3 クラウジウスの不等式

次にクラウジウスは視点を熱源に移した．熱機関にとっては $\tilde{q}$ と $\tilde{Q}_C$ や $\tilde{Q}_H$ とは区別されるが，熱源にとってはこの区別は意味がない．原動機では高温熱源が $\tilde{Q}_H$ だけの「熱」を失い，低温熱源が $\tilde{Q}_C$ だけの「熱」を受け取っただけである．ヒートポンプでは低温熱源が $\tilde{Q}_C$ だけの「熱」を失い，高温熱源が $\tilde{Q}_H$ だけの「熱」を受け取っただけである．

したがって熱源に着目し，熱源が受け取る「熱」を $\Delta\tilde{Q}$ とし，熱源が熱を失う場合には $\Delta\tilde{Q}$ は負とすると，熱機関では

$$\frac{\Delta\tilde{Q}_H}{T_H} + \frac{\Delta\tilde{Q}_C}{T_C} = \frac{\tilde{q}}{T_C} - \frac{\tilde{q}}{T_H} \geq 0$$

となる．等号は $\tilde{q} = 0$ の場合に限られ，この場合は理想的熱機関に相当する．

ここまでは2つの熱源の間で動作する熱機関について考えてきたが，多数の異なる温度の熱源の間で動作する熱機関を考える．そうすると

$$\sum_{n=1} \frac{\Delta\tilde{Q}_n}{T_n} \geq 0$$

となる．理想的熱機関では等号が成り立つ．これがクラウジウスの不等式 (1854) である．ここで温度 T_n はもちろん熱源の熱力学的温度である．クラウジウスの不等式は熱力学第二法則の1つの定式化である．

作業物体が多数の異なる温度の熱源の間を循環する熱機関にクラウジウスの不等式を適用すると，作業物体が温度 T_n の熱源に接触している間に作業物体から温度 T_n の熱源が受け取る「熱」を $\Delta\tilde{Q}_n$ と解釈することができる．作業

3.3 クラウジウスの不等式

物体の循環を顕わに表現するなら

$$\oint \frac{d\tilde{Q}}{T} \geq 0$$

である．周回積分は作業物体の1サイクルにわたる積分を表し，作業物体から温度 T の熱源へ向かう熱流が $d\tilde{Q}$ である．

例題 2 温度 T_C，T_M，T_H の3つの熱源を考え $T_C < T_M < T_H$ とする．3つの熱源の間を一定熱容量 C の物体が体積不変で往復運動する場合にそれぞれの熱源が受け取る「熱」を議論せよ．また，この場合にクラウジウスの不等式を議論せよ．

解 例題1により，温度 T_H の熱源は $C(T_H - T_M)$ だけの「熱」を放出し，温度 T_C の熱源は $C(T_M - T_C)$ だけの「熱」を受け取る．例題1とくらべると，温度 T_H の熱源が放出する「熱」も温度 T_C の熱源が受け取る「熱」も減少している．中間温度 T_M の熱源は $C(T_H - T_M)$ だけの「熱」を受け取り，$C(T_M - T_C)$ だけの「熱」を放出するので，差し引き $C(T_H + T_C - 2T_M)$ だけの「熱」を受け取る．

クラウジウスの不等式の左辺は

$$\frac{-C(T_H - T_M)}{T_H} + \frac{C(T_H + T_C - 2T_M)}{T_M} + \frac{C(T_M - T_C)}{T_C}$$

$$= C\left(\frac{T_M}{T_H} + \frac{T_H}{T_M} + \frac{T_C}{T_M} + \frac{T_M}{T_C} - 4\right)$$

である．相加平均は相乗平均より大きいので，

$$\frac{T_M}{T_H} + \frac{T_H}{T_M} + \frac{T_C}{T_M} + \frac{T_M}{T_C} \geq 4$$

である．クラウジウスの不等式の左辺は確かに非負である．

等号が成り立つのは T_M が T_C と T_H の相乗平均 $\sqrt{T_C T_H}$ に等しい場合に限られる．

中間温度 T_M の熱源は，T_M が T_C と T_H の相加平均より大きければ「熱」を放出し，逆に T_M が T_C と T_H の相加平均より小さければ「熱」を受け取る．T_M が T_C と T_H の相加平均に等しい場合には中間温度 T_M の熱源の「熱」

は不変である．

T_M が T_C と T_H の相加平均に等しい場合には中間温度 T_M の熱源の「熱」は不変なので，中間温度 T_M の熱源としては熱容量の大きな物体を使えばよい．

例題 3 低温 T_C の熱源と高温 T_H の熱源と熱容量の充分大きな物体が N 個ある．2つの熱源の間を一定熱容量 C の別の物体が体積不変で往復運動する際に，これらの物体とも充分熱接触するとする．往復運動を多数回繰り返した後に N 個の物体の温度はどうなっているか．

解 高温 T_H の熱源から n 番目の物体の温度を T_n とする．$T_0 = T_H$，$T_{N+1} = T_C$ とすると $1 \leq n \leq N$ を満足する任意の n に対して T_n が T_{n-1} と T_{n+1} との相加平均に等しくなれば，N 個の物体の温度は変わらなくなる．つまり定常状態に達する．このとき

$$T_n = T_H - \frac{n}{N+1}(T_H - T_C)$$

である．したがって高温熱源から低温熱源へ移動する「熱」は，1周期あたり，$C\dfrac{T_H - T_C}{N+1}$ となる．これは $N+1$ に反比例し，N 無限大なら零である．この極限ではクラウジウスの不等式は等号が成り立つ．

クラウジウスの不等式は，熱機関の定常状態を議論することで得られた結果であるが，熱源に着目した議論なので，循環する作業物体をイメージする必要がないことは重要である．循環する作業物体をイメージする必要がないので，熱機関の内部に視点を戻すことができる．

再び熱機関の内部に視点を移そう．クラウジウスの不等式を熱機関の内部に適用すると

$$\mathrm{div}\frac{\widetilde{Q}}{T} \geq 0$$

となる．無限小温度差 dT だけ離れた2つの面の間の区間 $[T, T+dT]$ を無限小熱機関と考えればよい．つまり熱流を温度で割った量は上流よりも下流の

方が小さくなることはない．特に

$$\mathrm{div}\frac{\tilde{Q}^{ideal}}{T} = 0$$

なので，

$$\mathrm{div}\frac{\tilde{q}}{T} \geq 0$$

である．

　クラウジウスが探し求めた不可逆変化で変化する量とは $\mathrm{div}(\tilde{Q}/T)$ である．この量は，可逆変化では零だが，一般には，不可逆変化のために，正となる．

3.4　熱機関のイメージ

　クラウジウスは熱機関の定常状態を議論することでクラウジウスの不等式にたどり着き，不可逆変化で変化している量とは $\mathrm{div}(\tilde{Q}/T)$ であることを見いだした．クラウジウスの議論で使われた一般の熱機関とは理想的熱機関と単純熱伝導のように「熱」と「仕事」の変換を行わない熱機関とを合成したものである（図3.2）．このために熱流を理想サイクルの熱流 $\tilde{Q}^{ideal}$ と「熱」と「仕事」の変換を行わない熱流 $\tilde{q}$ とに分けることができた．

　ところで，1816年に発明されたスターリングエンジン（原動機）では低温部の圧縮機から「仕事」が投入され，高温部の膨張機から「仕事」が取り出されている．スターリング冷凍機では高温部の圧縮機から「仕事」が投入され，低温部の膨張機から「仕事」が取り出されている．したがってクラウジウスのイメージに熱機関の内部での仕事流を考慮すると仕事流はいつも理想的熱機関の場合と同じになる．イメージの模式図を図3.3と図3.4に示す．このイメージは現代でも散見するイメージである．

　エネルギー流は

$$\tilde{H} = \tilde{q} \pm \tilde{Q}^{ideal} \pm \tilde{I}^{ideal}$$

である．ここで，複号は $\tilde{Q}^{ideal}$ や $\tilde{I}^{ideal}$ が $\tilde{q}$ と同じ向きなら正，逆向きなら負である．

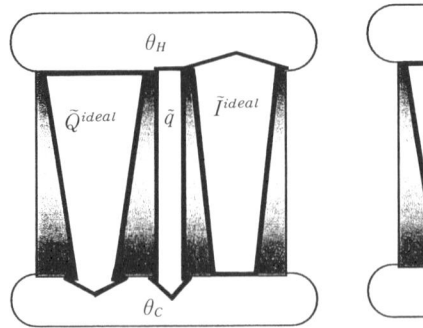

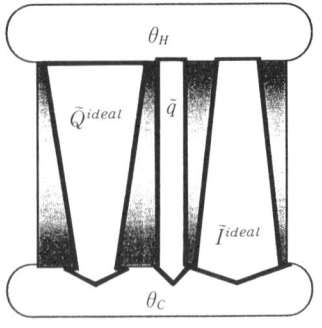

図 3.3 原動機の場合のイメージ.

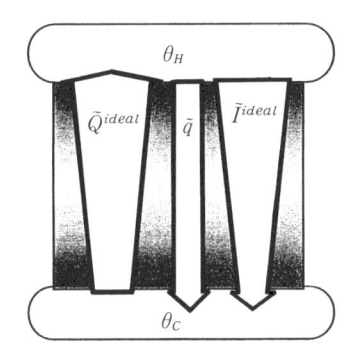

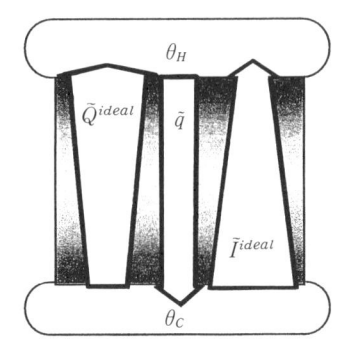

図 3.4 ヒートポンプの場合のイメージ.

　仕事流が理想的熱機関の場合と同じということは,「仕事」の散逸はなく,高温部から流れ出す仕事流は低温部から流れ込んだ仕事流の T_H/T_C 倍に等しいことを意味する. しかし現実には仕事流の増幅率は, 原動機では T_H/T_C よりも小さく冷凍機では T_C/T_H よりも小さい. このことは熱機関のイメージが未だに充分でないことを示している.

　カルノーからクラウジウスまで続いた熱機関の議論では,「熱」や「仕事」を移動量として認識していたにもかかわらず,「仕事」についてはその出入口が意識されていない.「仕事」の出入口を意識した途端に, クラウジウスのイメージが不十分なことが暴露されたことになる. 熱機関内部での「仕事」の散

3.4 熱機関のイメージ

逸を考慮する必要があるのだ．「仕事」の散逸に拘わり続けたトムソンが後にクラウジウスが導入した状態量としてのエントロピーを認めなかったとされるが，その理由がここにあるのかもしれない．科学史家による検討が望まれる．

「仕事」の出入口を意識し，「仕事」の散逸を考慮した熱機関のイメージを考えてみよう．「仕事」の散逸のために，仕事流 $\tilde{I}$ が $\tilde{I}^{ideal}$ と異なるだけでなく，熱流 $\tilde{Q}$ も $\tilde{q} \pm \tilde{Q}^{ideal}$ とは異なる．それでも，熱力学第一法則により $\tilde{H} = \tilde{Q} \pm \tilde{I}$ は一様でなければならない．この場合の模式図を図 3.5 と図 3.6 とに示す．複号は仕事流 $\tilde{I}$ が熱流 $\tilde{Q}$ と同じ向きなら正，逆向きなら負である．

新しい熱機関のイメージでは $\tilde{q}$，$\tilde{Q}^{ideal}$，$\tilde{I}^{ideal}$ は現れない．定常な熱機関

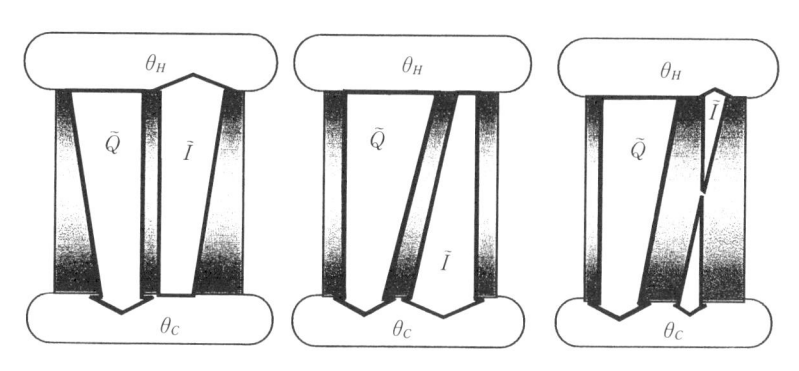

図 3.5 仕事の散逸を考慮した原動機のイメージ．

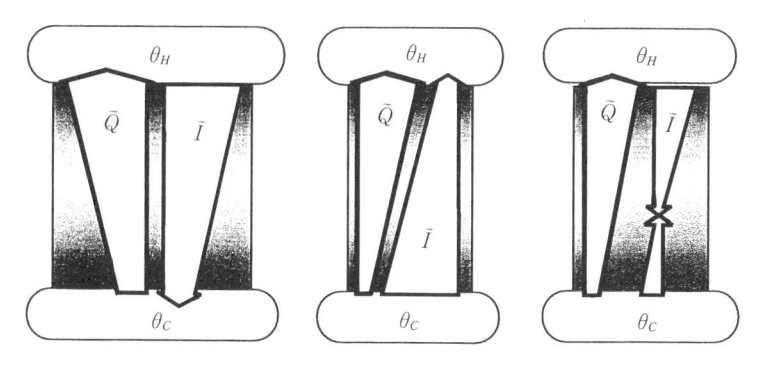

図 3.6 仕事の散逸を考慮したヒートポンプのイメージ．

の内部では熱流と仕事流との方向を含めた和—エネルギー流—が一様（熱力学第一法則）

$$\mathrm{div}\,\tilde{H} = 0$$

とクラウジウスの不等式（熱力学第二法則）

$$\mathrm{div}\,\frac{\tilde{Q}}{T} \geq 0$$

だけが残る．クラウジウスは仕事の散逸を一切無視した特別な場合を議論することで，定常状態に関わる一般的な関係を見いだしたことになる．$\tilde{q}$，$\tilde{Q}^{ideal}$，$\tilde{I}^{ideal}$ は，クラウジウスの不等式を発見する過程で使われただけで，クラウジウスの不等式が発見された後には不要となる．

3.5 まとめ

クラウジウスとトムソンにより熱力学第二法則が提唱された．いずれも経験則である．可逆変化と不可逆変化との相違に着目したクラウジウスは「変換の当量」$\tilde{Q}/T$ を導入した．$\tilde{Q}$ は熱流であり，T は第一種理想気体の状態方程式に基づく熱力学的温度である．

熱力学第二法則は，クラウジウスの難解な議論を通して，クラウジウスの不等式

$$\sum_{n=1} \frac{\Delta \tilde{Q}_n}{T_n} \geq 0$$

の形で定式化された(1854)．$\Delta \tilde{Q}_n$ は熱力学的温度 T_n の熱源が吸収する「熱」である．熱機関を作業物質の循環として捉え，作業物体の循環を顕わに表現するならクラウジウスの不等式は

$$\oint \frac{d\tilde{Q}}{T} \geq 0$$

である．$d\tilde{Q}$ は熱力学的温度 T の熱源が吸収する「熱」である．クラウジウスとトムソンにより提唱された熱力学第二法則だけでなく，その定式化であるクラウジウスの不等式も作業物質の循環というイメージは不要である．無限小温度差 dT の熱機関を考えるとクラウジウスの不等式は

$$\mathrm{div}\frac{\tilde{Q}}{T} \geq 0$$

となる．

　クラウジウスが「変換の当量」を導入する際に採用した熱機関のイメージは一般性に欠ける．「仕事」の出入口と「仕事」の散逸を考慮することにより，熱機関の新しいイメージが作られた．

第4章
熱力学的温度と温度目盛

トムソンは熱力学的温度を導入した．熱力学的温度は温度計物質に依存しない普遍的温度である．熱力学的温度の導入は熱力学第一法則とカルノー理論の応用例でもある．熱力学的温度を使って原動機の効率やヒートポンプの成績係数を議論するとクラウジウスの不等式が導かれる．

4.1 気体の性質

ゲイ・リュサックの法則を認めると，圧力 p と体積 V を測定することにより温度 θ を決めることができる．このことは気体温度計の可能性を暗示していた．実際，ヘルムホルツやクラウジウスは第一種理想気体の状態方程式に現れる $\theta + \theta_0$ を熱力学的温度と考えた．

しかしルニョーによる精密測定は，現実の気体ではゲイ・リュサックの法則からの明確なずれがあることを示した（〜1853）．ゲイ・リュサックの法則からの明確なずれは二通りある．1つは，θ_0 が気体の種類などに依存するものであって，決して普遍定数ではないことである．第二は温度が一定でも圧力と体積とは厳密に反比例するものではないということである．つまりボイルの法則も厳密には成り立たない．ルニョーによれば現実気体の状態方程式はもっと複雑で，気体の種類にも依存する．

気体温度計は温度計に使う気体とその状態とに依存するので，仮想的な理想気体の状態方程式に頼って，圧力と体積から温度を決めることは現実的でない．理想気体の状態方程式から決まる普遍的な温度が存在するなら，現実の気体温度計が指示する温度を普遍的な温度に変換するための現実的な方法も研究

する必要がある．

4.2 熱力学的温度の導入

トムソンはケンブリッジ大学を卒業後に渡仏し[注1]，ルニョーのもとに留学した．ルニョーとの共同研究を通してトムソンは温度計物質によらない温度目盛の必要性を痛感した．つまり，トムソンの問題設定は「温度計物質によらない普遍的な温度目盛は存在するのか，存在するとしたらどうやって実現するか」である．

トムソンはフランスに留学中にクラペイロン論文を通してカルノーの業績を知った(1845)．トムソンの慧眼はカルノー論文(1824)に着目したが，カルノー論文がなかなか見つからなかった．トムソンは図書館はもとよりパリの古書店まで渉猟したがカルノー論文が見つからなかった．3年後の1848年にようやく探し求めたカルノー論文に出会った．こうしてカルノー論文は「実に誕生後24年目に初めて書き手と対等の読み手に巡り会ったことになる」[注2]．カルノー論文が発表された年にトムソンが生まれたことも奇遇である．

カルノー論文を読んだトムソンはカルノー関数 Θ が熱力学的温度の候補になることに気づいた(1848)．ここからトムソンによる熱力学的温度の提唱と定義(1854)まで6年の歳月を費やした．

4.2.1 氷の融解曲線

トムソンは，ルニョーによる蒸気の潜熱のデータを解析して，0°Cにおけるカルノー関数の値を $\Theta(0°C) = 279.8°C$ と推定していた．これは現在の値より2%強大きい．

[注1] トムソンの2度目の留学である．15歳のときの留学でフーリエの熱伝導論やラプラスの天体力学を学び，21歳で再度渡仏して，22歳でグラスゴー大学教授として帰国した．

[注2] 山本義隆「熱学思想の史的展開」(現代数学社, 1987) p. 253．

4.2 熱力学的温度の導入

小手調べは兄 J. トムソンの予想(1849)に始まる．トムソンの兄 J. トムソンは気液平衡に対するクラウジウス-クラペイロンの式

$$\frac{dp}{d\theta} = \frac{L/\Theta}{V_G - V_L}$$

を氷の融解曲線に適用した．ここで L は融解の潜熱である．当時の測定値を使うと

$$\Theta \frac{dp}{d\theta} = \frac{L}{V_G - V_L} \cong -37.1 \times 10^3 \text{ atm}$$

である．兄 J. トムソンも 0°C は摂氏目盛で 279.8 度に対応すると考えていたので

$$\frac{d\theta}{dp} = -0.00754 \text{°C/atm} \quad (\text{現在の値より 2\%弱大きい})$$

となる．したがって，$d\theta/dp$ を測定してこの予想とくらべれば，カルノー論文が正しいかどうか判断できる．これが兄 J. トムソンの予想である．

表 4.1 トムソンの測定結果．

p atm	θ 実測値°C	θ 計算値°C
1	0	0
9.1	-0.0589	-0.0606
17.8	-0.129	-0.126

トムソンは，1目盛約 0.008°C の温度計を使用して実験し，表 4.1 のような結果を得た．この測定結果はトムソンにカルノー理論の正しさを再確認させた．

1 atm と 9.1 atm の実測値から $d\theta/dp$ を推定すると -0.00727°C/atm となるので，0°C と -0.0589°C との間の平均は 270 度となる．

4.2.2 熱力学的温度の提唱と定義

トムソンによる熱力学的温度の提唱と定義（1854）を以下に述べる．
高温部から $\widetilde{Q}$ だけの「熱」を吸収して，$\Delta \widetilde{Q}$ だけの「仕事」をする熱機関

の効率は
$$\eta = \frac{\Delta \tilde{Q}}{\tilde{Q}}$$
である．カルノー理論によれば微小温度差 $\Delta\theta$ の理想サイクルの効率は
$$\eta_{Carnot} \cong \frac{\Delta\theta}{\Theta(\theta)}$$
である．したがって微小温度差 $\Delta\theta$ の理想サイクルでは
$$\frac{\Delta\tilde{Q}}{\tilde{Q}} \cong \frac{\Delta\theta}{\Theta(\theta)}$$
となる．ここで $\Theta(\theta)$ は第1章に出てきたカルノー関数である．

無限小温度差 $d\theta$ の理想サイクルでは，出力仕事も無限小 $d\tilde{Q}$ となるので，等式
$$\frac{d\tilde{Q}}{\tilde{Q}} = \frac{d\theta}{\Theta(\theta)}$$
が成立する．

有限温度差の理想サイクルを無限小温度差の理想サイクルが直列接続されたものと見なして積分する：
$$\int_{\tilde{Q}_C}^{\tilde{Q}_H} \frac{d\tilde{Q}}{\tilde{Q}} = \int_{\theta_C}^{\theta_H} \frac{d\theta}{\Theta(\theta)}$$
この左辺は $\log(\tilde{Q}_H/\tilde{Q}_C)$ に等しいから
$$\frac{\tilde{Q}_H}{\tilde{Q}_C} = \exp\left(\int_{\theta_C}^{\theta_H} \frac{d\theta}{\Theta(\theta)}\right)$$
となる．

この右辺は任意の温度定点 θ_0 に対して
$$\exp\left(\int_{\theta_C}^{\theta_H} \frac{d\theta}{\Theta(\theta)}\right) = \frac{\exp\left(\int_{\theta_0}^{\theta_H} \frac{d\theta}{\Theta(\theta)}\right)}{\exp\left(\int_{\theta_0}^{\theta_C} \frac{d\theta}{\Theta(\theta)}\right)}$$
だから
$$\frac{\tilde{Q}_H}{\tilde{Q}_C} = \frac{\exp\left(\int_{\theta_0}^{\theta_H} \frac{d\theta}{\Theta(\theta)}\right)}{\exp\left(\int_{\theta_0}^{\theta_C} \frac{d\theta}{\Theta(\theta)}\right)}$$

である．

熱力学的温度 T を次のように定義する：
$$T \equiv T_0 \exp\left(\int_{\theta_0}^{\theta} \frac{d\theta}{\Theta(\theta)}\right)$$
T_0 は温度定点 θ_0 に対応する熱力学的温度であり，熱力学的温度 T をカルノー関数を使って定義した(1854)ことになる．
$$\exp\left(\int_{\theta_0}^{\theta} \frac{d\theta}{\Theta(\theta)}\right) > 0$$
なので，熱力学的温度は T_0 と同符号である．$T_0 \neq 0$ なら，自然界には $T=0$ の状態は存在しない．

以上がトムソンによる物質によらない熱力学的温度の提唱と定義である．

理想サイクルでは，熱力学的温度の定義により
$$\frac{\tilde{Q}_H}{\tilde{Q}_C} = \frac{T_H}{T_C}$$
である．これを使うと，理想サイクルの効率は
$$\eta_{Carnot} = 1 - \frac{T_C}{T_H}$$
となる．理想サイクルの効率を熱力学的温度で表現するこの関係式は非常に有名である．理想サイクルの成績係数は
$$COP_{Carnot} = \frac{T_C}{T_H - T_C} = \frac{\frac{T_C}{T_H}}{1 + \frac{T_C}{T_H}}$$
である．理想サイクルの成績係数を熱力学的温度で表現するこの関係式も有名である．

4.3 熱力学的温度目盛の定義と実現

4.3.1 熱力学的温度目盛の定義

熱力学的温度目盛を定義するには，T_0 を約束で決める必要がある．例えば，日常生活に華氏温度目盛を使っている民族では，純粋な水の3重点で

$$T_0 = 491.69\text{R}$$

と約束する．そうすると華氏温度目盛の温度差 1 F は熱力学的温度差 1 R に近い．温度の単位ランキン（記号 R）は実際の熱機関を定量的に解析したランキン（W. J. M. Rankine, 1820-72）の名に因む．現在の国際単位系では，純粋な水の 3 重点で

$$T_0 = 273.16\text{K}$$

と約束する．そうすると摂氏温度目盛の温度差 1°Cは熱力学的温度差 1 K に近い．温度の単位ケルビン（記号 K）は，熱力学的温度目盛を確立したトムソン（後のケルビン卿）の名に因む[注3]．このように T_0 は正と約束されているので，熱力学的温度は正である．自然界には $T \leq 0$ の状態は存在しない．熱力学的温度が正ということは，熱力学的温度の最も大事な性質である．

4.3.2 熱力学的温度目盛の実現

理想サイクルが実在するなら，理想サイクルを使って，熱力学的温度目盛が実現できる．しかし，理想サイクルを実現することは容易でない．

理想気体が実在するなら，理想気体の状態方程式を使って，熱力学的温度目盛が実現できる．理想気体の状態方程式は，気体定数を R として，

$$pV = RT$$

だからである[注4]．しかし理想気体は実在しない．

実在気体の近似的状態方程式は後にいくつも提唱された．有名なのはファンデアワールス（J. van der Waals, 1837-1923）が提唱した(1873)ものであり，

[注3] トムソンは 1892 年にビクトリア女王から男爵位を授かり，勤務先グラスゴー大学の近くに流れていた川の名に因んでケルビン卿と名乗った．したがって，現在の国際単位系で使われている温度の単位ケルビンは，もとはといえば川の名である．

[注4] 理想気体の状態方程式との関わりで，しばしば「標準状態で 22.4 リットルの体積を占める気体の量が 1 モルである」といわれる．しかし，実在気体は理想気体ではないので，これは 1 モルという実在気体の量を定義するものではない．22.4 リットルという数値は中途半端だが，これは 5 英ガロンに相当する．当時の英国人にとっては切りのよい数値なのだ．

4.3 熱力学的温度目盛の定義と実現

$$\left(p+\frac{a}{V^2}\right)(V-b)=RT$$

の形である．これはファンデアワールスの状態方程式と呼ばれている．カマリンオネス（Kamerlingh-Onnes, 1853-1926）が使った状態方程式は，ヴィリアル展開とも呼ばれ

$$pV=\left\{1+\frac{A_2}{V}+\frac{A_3}{V^2}+\cdots\right\}RT$$

の形である．

トムソンは実在気体の状態方程式が理想気体の状態方程式からどの程度ずれているかを実験的に調べて，気体温度計を補正することを考えた．このためにジュールと共同して，ジュール-トムソンの細孔栓実験を行った(1852-62)．

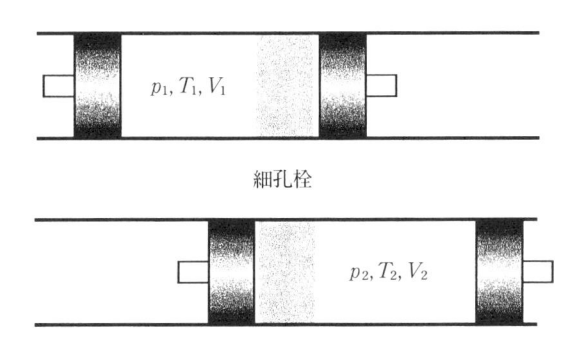

図 4.1 ジュール-トムソンの細孔栓実験の変形．

ジュール-トムソンの細孔栓実験では細孔栓を通して気体をゆっくり流す．ゆっくりとは粘性発熱を無視できるようにするためである．実験装置全体は外界から熱的に遮断されている．細孔栓の上流と下流とで気体の圧力と温度を測定しジュール-トムソン係数を求めた．

この実験では，2つのピストンの間に閉じ込められた気体を，ピストンとともに移動したと見なすことができる．

熱力学第一法則を使うと

$$U_2-U_1=p_1V_1-p_2V_2$$

となる．右辺は気体のエネルギーの変化であり，左辺はピストンが気体になした「仕事」である．これを変形すると
$$U_2 + p_2 V_2 = U_1 + p_1 V_1$$
なので，後にエンタルピーと呼ばれる量
$$H \equiv U + pV$$
は不変である．

ジュール-トムソン係数は
$$\mu \equiv \left(\frac{\partial T}{\partial p}\right)_H \approx \frac{T_2 - T_1}{p_2 - p_1}$$
で定義される．理想気体ではジュール-トムソン係数は零である．これを示すには理想気体の状態方程式と理想気体のエネルギーが温度のみの関数であることとを使えばよい．したがってジュール-トムソン係数は，実在気体が理想気体からどの程度ずれているかの目安となる．

しかし当時ジュール-トムソン係数を使って気体温度計をどのように補正したのかはわからない．科学史家の知恵がほしい．

後に発達した平衡状態の熱力学を使えば容易に
$$\mu \equiv \left(\frac{\partial T}{\partial p}\right)_H = \left[\frac{T}{V}\left(\frac{\partial V}{\partial T}\right)_p - 1\right]\frac{V}{C_p}$$
$$= (\beta T - 1)\frac{V}{C_p}$$
したがって
$$T = \frac{1}{\beta}\left(1 + \frac{C_p}{V}\mu\right)$$
が導ける．理想気体では，熱膨張率 β が $1/T$ に等しいので，ジュール-トムソン係数は零である．

ジュール-トムソン係数を使うと，熱力学的温度 T が決まる．逐次近似を行えばよい．

第 1 近似：熱膨張率 β と比熱 C_p とジュール-トムソン係数 μ には θ 目盛を使って求めたものを使って熱力学温度 T の第 1 近似値 T_1 を求める．

第 2 近似：θ の替わりに T_1 を使って β と C_p と μ とを補正し，補正した β と

C_p と μ とを使って，T の第2近似値 T_2 を求める．これを繰り返す．

このようにして，トムソンにより熱力学的温度が定義され，熱力学的温度目盛が実現された．かつてブラックが「熱」と温度を分離して以来，温度は経験温度であって，使用する温度計物質に依存していた．トムソンの熱力学的温度は温度計物質に依存しないので，一般性がある．以後，熱力学的温度を温度と略称する．

現代でも，温度の絶対測定にはクラウジウス-クラペイロンの式が便利である．2つの相が共存している場合には，クラウジウス-クラペイロンの式は，温度 T を使って書くと

$$T\frac{dp}{dT} = \frac{L}{\Delta V}$$

となる．右辺に現れる2相の体積の差 ΔV と潜熱 L を測定すれば右辺の値が決まる．$\frac{dp}{dT}$ も測定できるが，測定結果は温度目盛が少々怪しくても変わらない．このためにクラウジウス-クラペイロンの式を使うと温度が決まる．

4.4 クラウジウスの不等式の再導出

一般の原動機の効率を理想順サイクルの効率とくらべると

$$\frac{\tilde{Q}_C}{\tilde{Q}_H} \geq \frac{T_C}{T_H}$$

である．なぜなら，一般の原動機の効率は

$$\eta = 1 - \frac{\tilde{Q}_C}{\tilde{Q}_H}$$

であり，これは理想サイクルの効率

$$\eta_{Carnot} = 1 - \frac{T_C}{T_H}$$

よりも小さい（カルノー定理）からである．

一般のヒートポンプの成績係数を理想逆サイクルの成績係数とくらべると

$$\frac{\widetilde{Q}_C}{\widetilde{Q}_H} \leq \frac{T_C}{T_H}$$

である．なぜなら，一般の熱機関の成績係数は

$$COP = \frac{\widetilde{Q}_C}{\widetilde{Q}_H - \widetilde{Q}_C} = \frac{\frac{\widetilde{Q}_C}{\widetilde{Q}_H}}{1 - \frac{\widetilde{Q}_C}{\widetilde{Q}_H}}$$

であるが，これは理想サイクルの成績係数

$$COP_{Carnot} = \frac{T_C}{T_H - T_C} = \frac{\frac{T_C}{T_H}}{1 - \frac{T_C}{T_H}}$$

よりも小さい（カルノー定理）からである．

こういうわけで，一般の原動機では

$$\frac{\widetilde{Q}_C}{\widetilde{Q}_H} \geq \frac{T_C}{T_H}$$

すなわち，熱流の向きを正に選べば，

$$\frac{\widetilde{Q}_C}{T_C} - \frac{\widetilde{Q}_H}{T_H} \geq 0$$

となり，一般のヒートポンプでは

$$\frac{\widetilde{Q}_C}{\widetilde{Q}_H} \leq \frac{T_C}{T_H}$$

すなわち，熱流の向きを正に選べば，

$$\frac{\widetilde{Q}_H}{T_H} - \frac{\widetilde{Q}_C}{T_C} \geq 0$$

となる．理想サイクル以外では等号が成り立たないのは，熱機関の無駄のためである．

上記の不等式はクラウジウスの不等式

$$\mathrm{div}\frac{\widetilde{Q}}{T} \geq 0$$

と同じである．クラウジウスの不等式の導出という点では，この議論のほうがクラウジウスの議論にくらべると一般性があり簡潔である．「補償」，「変換の当量」を含まないだけ簡潔であり，仕事の散逸のない特殊な熱機関をイメージ

する必要もないだけ一般性がある．熱力学的温度と熱力学第一法則により形を変えたカルノー定理だけから，クラウジウスの不等式が得られた．この議論には熱機関の作業物体は影も形もない．

　カルノー定理は初期の熱力学第二法則の定式化であるクラウジウスの不等式を内包していたのだ．ここにもカルノーの先見性が読みとれる．

4.5 ま と め

　トムソンはカルノーの正統な後継者となり，熱力学第一法則とカルノー理論を駆使して，客観的な熱力学的温度を定義した．トムソンにより，熱力学的温度目盛が実現された．以後熱力学的温度を温度と略称し，記号 T を用いる．熱力学的温度は常に正である．

　カルノー機関では，効率や成績係数が熱力学的温度だけの関数となる．

　熱力学的温度とカルノー定理を使うことにより，初期の熱力学の第二法則がクラウジウスの不等式 $\mathrm{div}(\tilde{Q}/T) \geq 0$ として，一般的に定式化された．この議論には作業物体が出現しないばかりかその痕跡すらない．

　しかし，$\tilde{Q}/T$ の意味は不明のままである．熱力学第一法則の確立とともに出現した3つの問題も未解決のまま残されている．

第5章
エントロピー流とエントロピー流増大則

　　エントロピー流を導入すると熱力学第二法則の定式化であるクラウジウスの不等式はエントロピー流増大則となる．基本的移動量としてエネルギー流とエントロピー流とを採用すると，それぞれに対応する基本法則が熱力学第一法則とエントロピー流増大則となる．エントロピー流を基本概念に採用すると，先験的熱流概念は誘導概念に格下げされるだけでなく，熱力学第一法則が確立されるとともに現れた3つの問題のうちの2つの問題が消失する．熱力学が対象とする世界は力学が対象とする世界にくらべると広大である．

5.1　エントロピー流

　クラウジウスの不等式には「変換の当量」$\tilde{Q}/T$ が出てくる．クラウジウスの不等式は，クラウジウスにより特殊な熱機関を議論することで得られたし，温度概念も第一種理想気体の状態方程式に頼るものだったので，その一般性は疑わしい（第3章）ものだったが，トムソンにより普遍的温度概念が確立されるともに，熱力学第二法則がクラウジウスの不等式としてより一般的に定式化された（第4章）．したがって，もはやクラウジウスの不等式を疑う余地はない．ここでは「変換の当量」$\tilde{Q}/T$ の意味を問題とする．

　定常熱伝導と熱機関を例として，「変換の当量」$\tilde{Q}/T$ の性質を復習することから始めよう．まず，定常熱伝導では，仕事流との関わりがないので，熱力学第一法則により

$$\tilde{Q}_C = \tilde{Q}_H$$

である．したがって，熱流の向きを正に選べば

第5章 エントロピー流とエントロピー流増大則

$$\frac{\tilde{Q}_C}{T_C} \geq \frac{\tilde{Q}_H}{T_H}$$

である．このことは「変換の当量」$\tilde{Q}/T$ は上流より下流のほうが大きいことを意味する．定常熱伝導では熱流は高温部から低温部へ向かうからである．

次に一般の順サイクル（原動機）では，熱流の向きを正に選べば，

$$\frac{\tilde{Q}_C}{T_C} \geq \frac{\tilde{Q}_H}{T_H}$$

であった（第4章）．これも「変換の当量」$\tilde{Q}/T$ は上流より下流のほうが大きいことを意味する．原動機でも熱流は高温部から低温部へ向かうからである．

また一般の逆サイクル（ヒートポンプ）では，熱流の向きを正に選べば，

$$\frac{\tilde{Q}_C}{T_C} \leq \frac{\tilde{Q}_H}{T_H}$$

であった（第4章）．このことも「変換の当量」$\tilde{Q}/T$ は上流より下流のほうが大きいことを意味する．ヒートポンプでは，熱流は低温部から高温部へ向かうからである．

表 5.1 クラウジウスの不等式の例．

		熱流の向き	「変換の当量」$\tilde{Q}/T$ の大小関係
定常熱伝導		$T_H \to T_C$	$\frac{\tilde{Q}_H}{T_H} \leq \frac{\tilde{Q}_C}{T_C}$
熱機関	原動機	$T_H \to T_C$	$\frac{\tilde{Q}_H}{T_H} \leq \frac{\tilde{Q}_C}{T_C}$
	ヒートポンプ	$T_H \to T_C$	$\frac{\tilde{Q}_H}{T_H} \leq \frac{\tilde{Q}_C}{T_C}$

いずれの場合にも「変換の当量」$\tilde{Q}/T$ は，定常状態では上流より下流のほうが大きい．これはクラウジウスの不等式

$$\text{div}\,\frac{\tilde{Q}}{T} \geq 0$$

そのものである．ここまではトムソンが1862年までに到達していたように見える．

ここで，トムソンにもクラウジウスにもなかった用語—エントロピー流—を使おう．まず，熱流と温度を使って定義した誘導概念としてエントロピー流[注1]

$$\tilde{S} \equiv \frac{\tilde{Q}}{T} \tag{5.1}$$

を導入する．これはクラウジウスの「変換の当量」と同じものだが，エントロピー流と呼ぶことにする[注2]．エントロピー流という呼称は，後の第8章に現れるエントロピーとの関係を暗示し，「流」をつけることにより移動量であることを明示している．

このエントロピー流の定義から次の2つのことがわかる．第一にエントロピー流と熱流とは向きが等しい．温度は約束により正だからである．第二にエントロピー流の次元は［熱流］/［温度］である．熱流の次元はエネルギー流の次元と同じだから，［エネルギー流］/［温度］でもある．

5.2 基本法則の新しい表現

エントロピー流の定義として(5.1)を採用すると，定常熱伝導現象や熱機関ではエントロピー流は上流より下流のほうが大きい：

$$\mathrm{div}\,\tilde{S} \geq 0 \tag{5.2}$$

これはクラウジウスの不等式をエントロピー流という用語で表現したにすぎない．しかし，これは熱力学第二法則の新しい表現である．第二種永久機関とは $\mathrm{div}\,\tilde{S} < 0$ であるような熱機関なので，熱力学第二法則は第二種永久機関が存

[注1] 中国ではエントロピーに対応する漢字として火偏に商という文字が使われている．商は除算の結果だから，火を熱流と見なし，除数を温度と思えば，この文字はエントロピー流の定義そのものである．

[注2] エントロピー流という言葉はちょっと紛らわしい．通常の非平衡系の熱力学を扱う教科書にもエントロピー流という言葉が登場するが，ここで導入したエントロピー流とは似ているが異なる量である．実は熱流という言葉の指す内容も通常の教科書とは異なる．通常の教科書では，単純熱伝導による熱流だけを熱流と呼んでいるものが多いからである．

在不可能なことを主張している．

　何も新しいことはないが，これをエントロピー流増大則と呼ぶことにする．「クラウジウスの不等式」として定式化された熱力学第二法則をエントロピー流増大則と呼び換えただけである．同じことだが，定常状態ではエントロピー流には吸い込みがない，といってもよい．それでもエントロピー流という言葉は便利である．第1章で「生成量としての熱」は存在するが「消滅量としての熱」が存在しないという生活体験を述べた．この「消滅量としての熱」をエントロピー流と解釈し直すと，この生活体験はエントロピー流増大則そのものである．「消滅量としての熱」を否定することはエントロピー流の吸い込みを否定することに他ならない．エントロピー流という言葉は新しい[注3]が，エントロピー流はこのように生活体験と密着している概念である．

　次に熱力学第一法則を調べよう．エネルギー流 $\tilde{H}$ の定義
$$\tilde{H} \equiv \tilde{I} + \tilde{Q}$$
により
$$\mathrm{div}\,\tilde{H} = \mathrm{div}\,\tilde{I} + \mathrm{div}\,\tilde{Q}$$
である．特に，定常状態では，エネルギー保存則 ($\mathrm{div}\,\tilde{H}=0$) により
$$\mathrm{div}\,\tilde{I} + \mathrm{div}\,\tilde{Q} = 0$$
となる．他方，エントロピー流の定義(5.1)からは
$$\mathrm{div}\,\tilde{Q} = \tilde{S}\nabla T + T\,\mathrm{div}\,\tilde{S}$$
が得られる．つまり熱流の空間変化は $\tilde{S}\nabla T$ と $T\,\mathrm{div}\,\tilde{S}$ という2つの部分からなる．したがって
$$T\,\mathrm{div}\,\tilde{S} = -\mathrm{div}\,\tilde{I} - \tilde{S}\nabla T \tag{5.3}$$
である．これは定常状態に関わる熱力学第一法則の新しい表現である．

　つまり，定常状態では，熱力学第一法則は(5.3)であり，熱力学第二法則は

[注3]　エントロピーの流れという言葉は，解説（富永　昭：低温工学，**25**（1990）132-141）に現れるが，エントロピー流（entropy flow）は論文（A. Tominaga：Cryogenics, **35**（1995）427-440）に現れたのが最初だろう．エントロピー流という言葉は熱音響現象の研究から誕生した新しい言葉なので未だ人口に膾炙されているとはいえない．

5.2 基本法則の新しい表現

(5.2)である．

　熱力学第二法則の提唱とされるクラウジウスの原理とトムソンの原理を再検討してみよう．クラウジウスの原理は「低温の物体から高温の物体に熱を移すだけで，それ以外に何の変化も残さないような過程は実現できない」と表現された．低温の物体から高温の物体に「熱」を移すことは，低温から高温へ向かう熱流すなわちエントロピー流を認めることになる：$\tilde{S}\nabla T > 0$．何の変化も残さないとは，仕事流の増減がなく（$\mathrm{div}\,\tilde{I}=0$），エントロピー流増大もない（$\mathrm{div}\,\tilde{S}=0$）ことを意味する．このことは熱力学第一法則(5.3)に反する．仕事流の増減を容認しても，熱力学第二法則(5.2)により，エントロピー流増大が残る．したがって，$\mathrm{div}\,\tilde{S}=0$ の場合を別にすると，クラウジウスの原理は正しい．トムソンの原理は「一様温度では，1つの熱源から熱をとりそれと等しい量の仕事をするだけで，それ以外には何の変化も残さないような過程は実現できない」であった．一様温度だから $\nabla T=0$ である．熱力学第一法則(5.3)を適用すると

$$T\,\mathrm{div}\,\tilde{S} = -\mathrm{div}\,\tilde{I}$$

となる．仕事をするなら $\mathrm{div}\,\tilde{I} > 0$ だから $T\,\mathrm{div}\,\tilde{S} < 0$ でなければならない．これは熱力学第二法則(5.2)に反する．したがってトムソンの原理も正しい．このようにクラウジウスの原理とトムソンの原理とはエントロピー流増大則とエネルギー保存則とから導くことができる．

　エネルギー保存則をすでに確立された法則と見なせば，1850-51年に提唱された2つの原理はエントロピー流増大則を主張していることと同じである．しかしこの頃にはエントロピー流という概念がなかった．それどころではない，トムソンにより熱力学的温度が定義されたのは1854年のことだから，この2つの原理が提唱された時代（1850-51）にはまだ熱力学的温度すらなかった．エントロピー流の定義からも明らかなように，エントロピー流という概念を導入するには，先験的熱流概念だけでなく熱力学的温度の確立も必要だった．

　こういうわけで熱力学第二法則はエントロピー流増大則そのものである．エントロピー流増大則はエントロピー流という言葉を用いて熱力学第二法則を言い換えたにすぎない．

5.3 エントロピー流増大

エントロピー流増大は，定常状態に関わる熱力学第一法則(5.3)によれば，
$$\operatorname{div}\tilde{S} = -\frac{\operatorname{div}\tilde{I} + \tilde{S}\nabla T}{T} \tag{5.4}$$
である．ここでは，一様温度の場合と，定常熱伝導の場合と，熱機関の場合についてエントロピー流増大を調べる．

5.3.1 一様温度の場合

一様温度の場合$(\nabla T=0)$には，エントロピー流増大(5.4)は
$$\operatorname{div}\tilde{S} = -\frac{\operatorname{div}\tilde{I}}{T}$$
である．エントロピー流増大則(5.2)を使うと$\operatorname{div}\tilde{I}\leq 0$が結論できる．つまり一様温度の場合には仕事流は吸い込まれることがあっても湧き出すことはない．このことはトムソンの原理そのものである．

仕事流の吸い込みがあると，エントロピー流増大が有限となる．これは熱流の湧き出しを意味する．摩擦による発熱やジュール発熱がこの例である．摩擦では外から加えた力学的仕事が吸い込まれて熱流が湧き出し，ジュール発熱では外から投入した電磁気的仕事が吸い込まれて熱流が湧き出す．

5.3.2 定常熱伝導の場合

定常熱伝導では，仕事流の湧き出しも吸い込みもない$(\operatorname{div}\tilde{I}=0)$ので，熱流は一様であり，エントロピー流は下流に向かうにつれて増大する．

定常熱伝導では，仕事流の湧き出しも吸い込みもない$(\operatorname{div}\tilde{I}=0)$ので，(5.4)は
$$\operatorname{div}\tilde{S} = -\frac{\tilde{S}\nabla T}{T}$$
である．エントロピー流増大則(5.2)により，この場合には$\tilde{S}\nabla T\leq 0$でなければならない．すなわちエントロピー流は高温側から低温側へ向かう．エント

5.3 エントロピー流増大

ロピー流と熱流とは向きが同じなので，熱流も高温側から低温側へ向かう．したがって，定常熱伝導では熱流の方向は高温側から低温側へ向かう方向である．このようにエントロピー流増大則は定常熱伝導での熱流の向きを決める．エントロピー流増大則を考慮した，定常熱伝導のイメージは図 5.1 である．

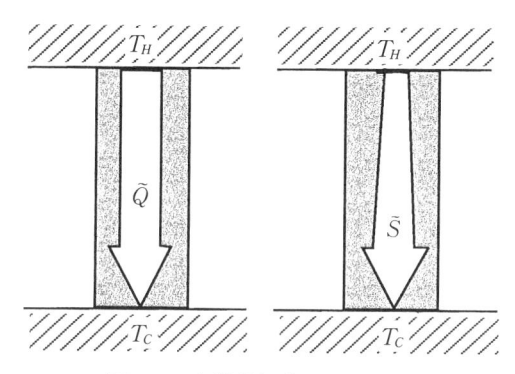

図 5.1 定常熱伝導のイメージ．

このことはエントロピー流増大則の成果の1つである．これまで定常熱伝導では熱流の向きは高温側から低温側であると仮定してきた．先験的熱流イメージからは当然の仮定が，エントロピー流増大則から導かれることが明らかとなった．

次に熱伝導度の符号を議論する．熱伝導度は経験的には正であるが，この経験則に一般性があることを示したい．

熱伝導度 κ を使って表現した定常熱伝導での周知の関係

$$\tilde{Q} = -\kappa \nabla T$$

を使うとエントロピー流(5.1)は

$$\tilde{S} = -\kappa \frac{\nabla T}{T}$$

となる．したがって，エントロピー流の湧き出しは

$$\mathrm{div}\,\tilde{S} = \kappa \left(\frac{\nabla T}{T}\right)^2$$

となる．エントロピー流の湧き出しを熱流で表現すると
$$\mathrm{div}\,\tilde{S} = \frac{1}{\kappa}\left(\frac{\tilde{Q}}{T}\right)^2$$
となる．いずれにしても，エントロピー流増大則により，熱伝導度 κ は非負である．

こうして，熱伝導度 κ が正という経験事実がエントロピー流増大則から導かれた．あるいはエントロピー流増大則は熱伝導度 κ が正という経験事実を含む経験則である．

5.3.3 熱機関の場合

原動機では $\mathrm{div}\,\tilde{I} > 0$ である．エントロピー流増大則(5.2)と熱力学第一法則(5.4)とに注意すると，原動機では
$$\tilde{S}\nabla T = -(\mathrm{div}\,\tilde{I} + T\,\mathrm{div}\,\tilde{S}) < 0$$
である．したがって，原動機では，エントロピー流の方向すなわち熱流の方向は高温側から低温側へ向かう方向である．$\tilde{S}\nabla T$ が一定の場合には(5.3)によ

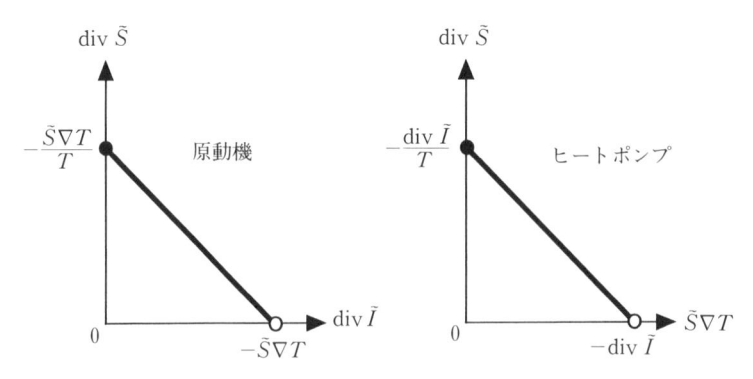

図 5.2 熱機関のエントロピー流増大．白丸はカルノー機関に相当する．

り，$T\,\mathrm{div}\,\tilde{S}$ は $\mathrm{div}\,\tilde{I}$ の 1 次式となる(図 5.2 参照)．(5.2)により，$\mathrm{div}\,\tilde{I} \leq -\tilde{S}\nabla T$ である．$T\,\mathrm{div}\,\tilde{S}$ は，$\mathrm{div}\,\tilde{I}=0$ の場合に最大値 $-\tilde{S}\nabla T$ をとり，$\mathrm{div}\,\tilde{I}=-\tilde{S}\nabla T$ の場合に最小値 0 をとる．したがって，

5.3 エントロピー流増大

$$-\tilde{S}\nabla T = \frac{\tilde{Q}}{T}\nabla T > 0$$

が出力仕事の源泉であり，原動機の非効率の源泉はエントロピー流増大則 $\mathrm{div}\,\tilde{S} \geq 0$ にある．

原動機ではエントロピー流増大 $\mathrm{div}\,\tilde{S}$ にも上限があり，上限は $-\dfrac{\tilde{S}\nabla T}{T}$ に等しい．$\mathrm{div}\,\tilde{S}=0$ の場合は理想的原動機に相当する．第1章で述べたようにカルノーは高温から低温に向かう「熱」の流れが出力仕事の源泉であると看破した．この「熱」の流れをエントロピー流と解釈し直せば，原動機では高温から低温に向かうエントロピー流が出力仕事の源泉である．

ヒートポンプでは

$$\tilde{S}\nabla T = \frac{\tilde{Q}}{T}\nabla T > 0$$

である．これはヒートポンプの定義そのものである．エントロピー流増大則 (5.2) と熱力学第一法則 (5.4) とに注意すると，ヒートポンプでは

$$\mathrm{div}\,\tilde{I} = -(\tilde{S}\nabla T + T\,\mathrm{div}\,\tilde{S}) < 0$$

である．つまりヒートポンプでは仕事流の吸い込みがある．このために熱機関をヒートポンプとして動作させるには外から「仕事」を投入する必要がある．$\mathrm{div}\,\tilde{I}$ が一定の場合には (5.3) により，$T\,\mathrm{div}\,\tilde{S}$ は $\tilde{S}\nabla T$ の1次式となる（図5.2参照）．(5.2) により，$\tilde{S}\nabla T \leq -\mathrm{div}\,\tilde{I}$ である．エントロピー流増大 $\mathrm{div}\,\tilde{S}$ は，$\tilde{S}\nabla T = 0$ の場合に最大値 $-\dfrac{\mathrm{div}\,\tilde{I}}{T}$ をとり，$\tilde{S}\nabla T = -\mathrm{div}\,\tilde{I}$ の場合に最小値 0 をとる．したがって，仕事流の吸い込みがヒートポンプの源泉であり，ヒートポンプの非効率の源泉もエントロピー流増大則 $\mathrm{div}\,\tilde{S} \geq 0$ にある．

ヒートポンプでは $\tilde{S}\nabla T$ に上限があり，上限は $-\mathrm{div}\,\tilde{I}$ に等しい．$\mathrm{div}\,\tilde{S}=0$ の場合は理想的ヒートポンプに相当する．

いずれにしても，$\mathrm{div}\,\tilde{S}=0$ の場合は理想的熱機関に相当する．このことはクラウジウスの不等式の意味からも当然の結果である．

5.4 クラウジウスの議論との関係

クラウジウスが「変換の当量」の法則を発見したときには熱流を理想的熱機関の熱流 $\tilde{Q}^{ideal}$ とこれ以外の熱流 $\tilde{q}$ との 2 つの部分に分けて考えた：
$$\tilde{Q} = \tilde{Q}^{ideal} + \tilde{q}.$$
これをエントロピー流を使って書き換えよう．エントロピー流 $\tilde{S}$ を 2 つの部分 $\tilde{S}^{ideal}$ と $\tilde{s}$ とに分け
$$\tilde{S} = \tilde{S}^{ideal} + \tilde{s}$$
とする．ここで
$$\tilde{S}^{ideal} \equiv \frac{\tilde{Q}^{ideal}}{T}$$
$$\tilde{s} \equiv \frac{\tilde{q}}{T}$$
である．理想的熱機関では，$\tilde{q}=0$ なので，$\tilde{s}=0$ である．

エントロピー流増大も 2 つの部分からなる：
$$\mathrm{div}\,\tilde{S} = \mathrm{div}\,\tilde{S}^{ideal} + \mathrm{div}\,\tilde{s}$$
$\tilde{S}^{ideal}$ は理想的熱機関のエントロピー流なので，$\mathrm{div}\,\tilde{S}^{ideal}=0$ である．したがって，
$$\mathrm{div}\,\tilde{S} = \mathrm{div}\,\tilde{s}$$
である．すなわちエントロピー流増大 $\mathrm{div}\,\tilde{S}$ は，熱機関にとって無駄な熱流 $\tilde{q}$ に対応するエントロピー流 $\tilde{s}$ による $\mathrm{div}\,\tilde{s}$ に等しい．

$\mathrm{div}\,\tilde{s}$ を無駄な熱流 $\tilde{q}$ で書き換えると
$$\mathrm{div}\,\tilde{s} = \mathrm{div}\,\frac{\tilde{q}}{T} = -\frac{\tilde{q}}{T^2}\nabla T + \frac{\mathrm{div}\,\tilde{q}}{T}$$
となる．熱機関にとって無駄な熱流 $\tilde{q}$ は「仕事」（より正確には仕事流）に変換されない熱流だから，
$$\mathrm{div}\,\tilde{q} = 0$$
である．したがって，エントロピー流増大則は

$$\operatorname{div} \tilde{s} = -\frac{\tilde{q}}{T^2}\nabla T \geq 0$$

である．これは無駄な熱流 $\tilde{q}$ の向きは高温部から低温部へ向かう方向であることを意味する．無駄な熱流 $\tilde{q}$ のこのような性質は定常熱伝導における熱流と共通な性質である．この意味でも，無駄な熱流 $\tilde{q}$ は，定常熱伝導のような熱流であり，クラウジウスの見解と一致する．

5.5 エントロピー流増幅率

　エントロピー流増大則は，定常状態ではエントロピー流が上流よりも下流の方が小さくなることはない，という経験則である．定常熱伝導では，熱流は上流と下流とで同じだが，温度が一様ではないので，エントロピー流は上流よりも下流の方が大きい．一般の原動機では低温部から流出するエントロピー流 $\tilde{S}_C$ は高温部から流入するエントロピー流 $\tilde{S}_H$ より大きい：$\tilde{S}_C \geq \tilde{S}_H$．エントロピー流は上流よりも下流のほうが大きい．一般のヒートポンプでは高温部から流出するエントロピー流 $\tilde{S}_H$ は低温部から流入するエントロピー流 $\tilde{S}_C$ より大きい：$\tilde{S}_H \geq \tilde{S}_C$．言い換えると，原動機でもヒートポンプでもエントロピー流は上流よりも下流のほうが大きいが，理想的熱機関ではエントロピー流は上流と下流とで等しい：$\tilde{S}_C = \tilde{S}_H$．

　エントロピー流が下流では上流の何倍になるかを問題とするために，エントロピー流の増幅率（Entropy-flow Amplification Coefficient, *EAC* と略記）を

$$EAC \equiv \frac{下流のエントロピー流}{上流のエントロピー流}$$

と定義する．エントロピー流増大則により

$$EAC \geq 1$$

である．

　EAC の性質を調べるために，定常熱伝導の場合と熱機関の場合とを調べよう．

5.5.1 定常熱伝導の EAC

定常熱伝導では
$$EAC = \frac{T_H}{T_C}$$
である．すなわち熱伝導ではエントロピー流は下流では上流の T_H/T_C 倍である．これを示すには，定常熱伝導では
$$EAC \equiv \frac{\tilde{S}_C}{\tilde{S}_H} = \frac{\tilde{Q}_C}{\tilde{Q}_H} \frac{T_H}{T_C}$$
であることと，
$$\tilde{Q}_C = \tilde{Q}_H$$
とを使えばよい．

5.5.2 熱機関の EAC

理想的な原動機では
$$EAC \equiv \frac{\tilde{S}_C}{\tilde{S}_H} = 1$$
となり，理想的なヒートポンプでは
$$EAC \equiv \frac{\tilde{S}_H}{\tilde{S}_C} = 1$$
である．理想的な熱機関ではエントロピー流が増大しないからである．

一般の原動機の効率
$$\eta = 1 - \frac{\tilde{Q}_C}{\tilde{Q}_H}$$
は，$EAC \equiv \tilde{S}_C/\tilde{S}_H$ を使うと
$$\eta = 1 - \frac{T_C}{T_H} EAC$$
となる．$EAC \geq 1$ なので，
$$\eta \leq \eta_{Carnot} = 1 - \frac{T_C}{T_H}$$
である．原動機として動作する限り効率は正なので

5.6 基本概念の変更

$$EAC < \frac{T_H}{T_C}$$

である．つまり原動機の EAC には上限があり，上限は T_H/T_C に等しい．

ヒートポンプの成績係数

$$COP = \frac{1}{\frac{\tilde{Q}_H}{\tilde{Q}_C} - 1}$$

は，$EAC \equiv \tilde{S}_H/\tilde{S}_C$ を使うと

$$COP = \frac{1}{\frac{T_H}{T_C}EAC - 1}$$

となる．$EAC \geq 1$ なので，

$$COP \leq COP_{Carnot} = \frac{1}{\frac{T_H}{T_C} - 1}$$

である．また，ヒートポンプの EAC には上限がない．

いずれにしても熱機関の非効率の源泉はエントロピー流増大にある．効率や成績係数が実験により求めることができるように，EAC も実験から決めることができる．しかも，EAC を使って効率や成績係数を表現することができる．

5.6 基本概念の変更

エントロピー流 $\tilde{S} \equiv \tilde{Q}/T$ には熱流の代替としての側面がある．吸熱はエントロピー流の吸収であり，放熱はエントロピー流の放出である．

平衡状態では熱流もエントロピー流もない．非平衡状態ではエントロピー流が有限である．したがってエントロピー流は平衡状態か非平衡状態かを識別する指標でもある．

熱力学第一法則は状態量としてのエネルギーとエネルギー流との関係を表現し，エネルギー流は熱流と仕事流との和である．熱力学第一法則が提唱された頃の熱力学では移動量に関わる基本概念は熱流と仕事流とであった．

移動量に関わる基本概念が2つあることを認めるなら，移動量に関わる基本

法則も 2 つあるはずである．最初の基本法則が熱力学第一法則であり，二番目の基本法則は熱力学第二法則である．熱力学第二法則の定式化であるクラウジウスの不等式に顕わに出現しているのは熱流あるいはエントロピー流だけである．

　移動量についての基本概念としてエントロピー流を採用しよう．エントロピー流についてはエントロピー流増大則が基本的経験則であり，式で書くと

$$\tilde{S}_{out} \geq \tilde{S}_{in}$$

あるいは

$$\mathrm{div}\,\tilde{S} \geq 0$$

である．エントロピー流増大則もエントロピー流 $\tilde{S}$ の空間変化についての法則であり，エントロピー流 $\tilde{S}$ の大きさについて述べているのではない．

　エントロピー流を基本概念としたので，熱流 $\tilde{Q}$ を

$$\tilde{Q} \equiv T\tilde{S}$$

により定義する．熱流はブラック以前から基本概念だったので，無定義のままだったが，ここで基本概念としてエントロピー流を採用したので，熱流は誘導概念に格下げされた．エントロピー流を基本概念としたので，エネルギー流 $\tilde{H}$ は $\tilde{H} \equiv T\tilde{S} + \tilde{I}$ である．

　もともと移動量という概念はある面を単位時間に通過する量だから，考えている面を指定する必要がある．今後は，面を温度で指定することにする．温度 T の面を考え，この面を通過するエントロピー流が $\tilde{S}$ なら，熱流は $\tilde{Q} \equiv T\tilde{S}$ で定義される．

　熱力学第一法則が確立された段階では，移動量の基本概念は熱流と仕事流だった．この 2 つの替わりにエントロピー流と仕事流とを採用したのだから，基本概念の数が変わったわけではない．基本法則の数も熱力学第一法則と第二法則の 2 つだけである．

　基本概念を変更すると，EAC は効率 η や成績係数 COP よりも便利な概念である．熱流を基本概念としている時代には，効率 η や成績係数 COP は基本概念に直結しているという利点があったが，エントロピー流を基本概念に変更したので，基本概念に直結している EAC のほうが効率 η や成績係数 COP よ

5.6 基本概念の変更

りも便利である．

　ここまでの議論では基本概念を熱流からエントロピー流に変更しなければならない必然性は見あたらない．せいぜい熱力学第二法則は熱流よりもエントロピー流で表現するほうが単純だというだけである．熱力学第一法則はむしろ複雑になった．以下では基本概念を熱流からエントロピー流に変更した積極的理由を述べたい．

　第2章で述べたように，熱力学第一法則が確立されるとともに，3つの問題が出てきた．第一は熱流と仕事流とを区別する指標は何か，という問題であり，第二は熱流と仕事流との変換の非対称性をどのように表現するか，という問題である．第三は温度に対応する示量性状態量があるとすればそれは何かという問題である．

　トムソンは第一と第二の問題に悩んだ．カルノーの後継者としてのトムソンは状態量には見向きもせず，移動量とその変換に着目し続けた．ジュール-トムソンの細孔栓の実験で共同研究者だったジュールは，その生涯を「熱の仕事当量」の研究に捧げたように，「熱」と「仕事」との同等性に関心があり，「熱」と「仕事」との相違には無関心だった．ここにトムソンとジュールとの違いがある．

　熱力学の後継者達はトムソンの悩みを忘却の彼方に置き去りにした．1865年にはクラウジウスがエントロピーという状態量を導入し，このエントロピーを使うことにより，1870年代に平衡状態の熱力学が発展したためだろう．エントロピーの導入については第8章で議論し，熱力学の骨組みについては第10章で議論する．平衡状態の熱力学では熱流や仕事流は不要なので，熱流や仕事流などの概念そのものが忘れ去られた．熱流や仕事流などの概念が不要となればトムソンの悩みが忘れ去られても不思議ではない．トムソンの悩みが忘れ去られても熱流や仕事流が完全に忘れ去られたのではない．ほとんどの教科書では熱流や仕事流などの言葉は出てこないが，よほど冷徹な教科書でないかぎり，「熱」の移動や「仕事」の出入りが熱力学の教科書に出てくる．熱学以前の先験的概念としての熱流とカルノーが導入した仕事流とを使わずに熱力学の教科書を書くことが難しいからだろう．

20世紀後半に熱音響現象の研究が進展した．熱音響現象は非平衡状態なので，熱流や仕事流などの古い概念を復活させ，これを吟味せざるを得なくなった．と同時に約1世紀前のトムソンの悩みも再浮上した．

しかし，トムソンの2つの悩みは基本概念の変更により解決される．熱流はエントロピー流に比例するので，エントロピー流がなければ熱流もない．仕事流と熱流とはそもそも別の移動量なのだ．つまり，熱流と仕事流とは明らかに別物であり，熱流と仕事流との相違はエントロピー流との関わりの相違にある．熱流と仕事流とを区別する指標はエントロピー流である．こうしてトムソンの第一の悩みが解決された．

トムソンの第二の悩みはエントロピー流を基本概念とすることで解決される．熱流と仕事流との変換では，エントロピー流は減ることがない(熱力学第二法則)ので，「熱」と「仕事」の相互変換は非対称となる．トムソンの悩みは熱流と仕事流とを基本概念としていたための悩みであり，基本概念をエントロピー流と仕事流とに変更するだけで，トムソンの第二の悩みが解消した．基本概念の選択は重要である．

ここに基本概念を熱流からエントロピー流に変更した積極的理由がある．

基本概念の変更によりトムソンの悩みは解消したが，熱力学第一法則が確立されるとともに出現した第三の問題「温度に対応する示量性状態量は何か」は未解決のまま残されている．またエントロピー流増大則は熱力学第一法則にくらべると未完成である．熱力学第一法則は示量性状態量としてのエネルギーと移動量としてのエネルギー流と生成量としてのエネルギー生成を一組の関係概念として含みエネルギー生成が0であることを主張しているが，エントロピー流増大則は移動量としてのエントロピー流と関係づけられる示量性状態量や生成量に言及していない．

5.7　熱力学の世界

定常状態に関わる熱力学第一法則(5.3)をエントロピー流増大則(5.2)に適用すると

5.7 熱力学の世界

$$\text{div}\,\tilde{I} + \tilde{S}\nabla T \leq 0 \tag{5.4}$$

となる．$\text{div}\,\tilde{I}$ と $\tilde{S}\nabla T$ の張る平面を考えよう（図 5.3）．この平面内のすべての領域が自然科学の対象となるわけではない．自然科学の対象となるのは (5.4) で指定された領域に限られる．仮にあの世があるとするなら，あの世は $\text{div}\,\tilde{I} + \tilde{S}\nabla T > 0$ の領域であり，そこではエントロピー流が減少する（$\text{div}\,\tilde{S} < 0$）だろう．この世とあの世の境界（$\text{div}\,\tilde{S} = 0$）を三途の川と呼ぶなら，三途の川の方程式は

$$\text{div}\,\tilde{I} + \tilde{S}\nabla T = 0 \tag{5.5}$$

である．理想的熱機関では $\text{div}\,\tilde{S} = 0$ なので，理想的熱機関はこの世とあの世の境界線上にある．あの世でも熱力学第一法則が成り立つとするなら，そこでは，エントロピー流が減少し，第二種永久機関が存在するに相違ない．自然科学の対象はこの世だから，(5.4) の領域のみ議論する．

通常の力学では一様温度 $\nabla T = 0$ の場合のみ議論する．したがって，力学の対象となるのは第 2 象限と第 3 象限との境界線上だけである．この境界線上で

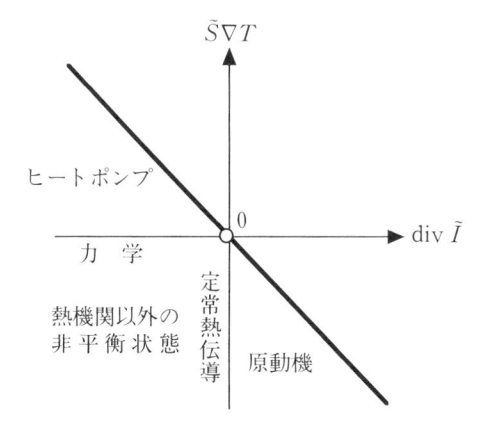

図 5.3　$\text{div}\,\tilde{I}$ と $\tilde{S}\nabla T$ の張る平面．自然界の限界は直線 $\text{div}\,\tilde{I} + \tilde{S}\nabla T = 0$ であり，$\text{div}\,\tilde{I} + \tilde{S}\nabla T > 0$ の領域は自然界では実現されない．自然界で実現できるのは $\text{div}\,\tilde{I} + \tilde{S}\nabla T \leq 0$ の領域だけである．第 3 象限は熱機関以外の非平衡状態である．第 2 象限と第 3 象限との境界は一様温度での仕事の散逸に対応し，第 3 象限と第 4 象限との境界は定常熱伝導に相当する．原点は純粋力学と平衡状態の熱力学に相当する．

は div $\tilde{I}$ ≦0 なので一様温度($\nabla T = 0$)での「仕事」の散逸に対応する．純粋な力学は，「仕事」の散逸を扱わないので，原点だけに絞られる．

定常熱伝導では div $\tilde{I}$ = 0 なので，第3象限と第4象限との境界線上に限定される．

熱機関の領域を調べよう．熱機関はヒートポンプと原動機とに分けられる．ヒートポンプでは $\tilde{S}\nabla T$ ≧ 0 なので，第2象限のうちで div $\tilde{I} + \tilde{S}\nabla T$ ≦ 0 の領域に限られる．このためにヒートポンプでは div $\tilde{I}$ ≦ 0 が必要である．一様温度での「仕事」の散逸はヒートポンプ領域と連続的につながっている．原動機では div $\tilde{I}$ ≧ 0 なので，第4象限のうちで div $\tilde{I} + \tilde{S}\nabla T$ ≦ 0 の領域に限られる．このために原動機では $\tilde{S}\nabla T$ ≦ 0 が必要である．定常熱伝導は原動機と連続的につながっている．ヒートポンプと原動機とは原点を通してつながっている．

第3象限($\tilde{S}\nabla T < 0$, div $\tilde{I} < 0$)は，「仕事」が散逸して高温側から低温側へ向かうエントロピー流が有限な領域であり，熱機関としては動作していない一般の非平衡定常状態を表す．この領域には生命現象なども含まれるだろう．熱力学が対象とする世界は力学が対象とする世界とくらべると遥かに広大である．熱力学的平衡状態は一様温度で仕事流の増減もない．したがって，平衡状態の熱力学も原点(div $\tilde{I}$ = 0，$\tilde{S}\nabla T$ = 0)だけである．熱力学が対象とする世界が広いのは非平衡状態を扱うからである．

純粋力学と平衡状態の熱力学とはこの世とあの世の境界線上にある．純粋力学も平衡状態の熱力学も現実を理想化したものであり，一歩誤ると非現実的になることは興味深い．ある高名な政治家を表すのに刑務所の塀の上で飛び跳ねているという表現に出会ったことがある．法律に触れるぎりぎりの線上で活躍しているので，一歩誤ると投獄されることを表したのだろう．刑務所の塀の中を調べて記述することは可能だが，あの世のことを調べることはできない．

純粋力学と平衡状態の熱力学とがいずれも原点で表されることは興味深い．平衡状態の熱力学と純粋力学とは共通点があることを示唆するからである．実際，平衡状態の熱力学の力学的解釈は，統計物理学として進歩した．

div $\tilde{I}$ と $\tilde{S}\nabla T$ の張る平面内の任意の点 A を考え，点 A の座標を (div $\tilde{I}$, $\tilde{S}\nabla T$) とする．点 A を通り縦軸に平行な直線と直線(5.7)との交点を点 B と

し，点 A を通り横軸に平行な直線と直線(5.7)との交点を点 C とする(図 5.4)．距離 AB と距離 AC とはともに $T \operatorname{div} \tilde{S}$ に等しい．こういうわけで，理想的熱機関からのずれの目安として $T \operatorname{div} \tilde{S}$ を採用することができる．

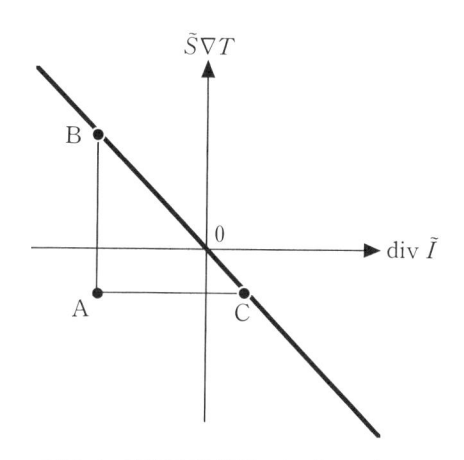

図 5.4　理想的熱機関からずれた点 A．

　しかし理想的熱機関からのずれの目安 $T \operatorname{div} \tilde{S}$ に現れたエントロピー流増大 $\operatorname{div} \tilde{S}$ の原因は難しい．点 A を点 B からずれたと考えるなら，$\operatorname{div} \tilde{I}$ が不変なので，$\operatorname{div} \tilde{S}$ は定常熱伝導によるエントロピー流増大であるが，点 A を点 C からずれたと考えると，$\tilde{S}\nabla T$ が不変なので，$\operatorname{div} \tilde{S}$ は「仕事」の散逸によるエントロピー流増大である．このようにエントロピー流増大 $\operatorname{div} \tilde{S}$ の原因は理想的熱機関を表す直線上のどの点からずれたと考えるかに依存する．このようにエントロピー流増大 $\operatorname{div} \tilde{S}$ の原因は考え方に依存するので，これを特定することは困難である．なお，理想的熱機関からのずれの目安として理想的熱機関を表す直線と点 A との距離 $T \operatorname{div} \tilde{S}/\sqrt{2}$ を採用しても，事態は変わらない．

5.8　まとめ

　エントロピー流 $\tilde{S}$ を導入することにより，定常状態に関わる熱力学第一法則は

$$T \operatorname{div} \tilde{S} = -\operatorname{div} \tilde{I} - \tilde{S}\nabla T \tag{5.3}$$

として，熱力学第二法則はエントロピー流増大則

$$\operatorname{div} \tilde{S} \geq 0 \tag{5.2}$$

として再定式化された．いずれも定常状態に関わる新しい表現である．エントロピー流増大則は定常熱伝導での熱流の向きを規定し，熱伝導度の符号を正に限定する．理想的熱機関ではエントロピー流増大がないが，一般の熱機関では有限のエントロピー流増大のために効率や成績係数が小さくなる．原動機の効率やヒートポンプの成績係数はエントロピー流増幅率と密接な関係がある．

　移動量に関わる基本概念を仕事流とエントロピー流とに変更した．熱流は，誘導概念に格下げされ，熱流は温度とエントロピー流により定義される：$\tilde{Q} \equiv T\tilde{S}$．したがって，エネルギー流は $\tilde{H} \equiv \tilde{I} + \tilde{Q} = \tilde{I} + T\tilde{S}$ である．

　EAC は，基本概念に直結しているので，効率や成績係数よりも便利である．

　熱力学第一法則が確立されるとともに出現した3つの問題のうち2つは熱流と仕事流とを基本概念としたために生じた問題であり，基本概念を仕事流とエントロピー流とに変更するだけで，問題ではなくなった．

　熱力学第一法則が確立されるとともに出現した第三の問題「温度に対応する示量性状態量は何か」は未解決のまま残されている．またエントロピー流増大則は熱力学第一法則にくらべると未完成である．熱力学第一法則は示量性状態量としてのエネルギーと移動量としてのエネルギー流と生成量としてのエネルギー生成を一組の関係概念として含みエネルギー生成が0であることを主張しているが，エントロピー流増大則は移動量としてのエントロピー流と関係づけられる示量性状態量や生成量に言及していない．

　自然界では，熱力学第一法則(5.3)とエントロピー流増大則(5.2)により，

$$\operatorname{div} \tilde{I} + \tilde{S}\nabla T \leq 0$$

である．$\operatorname{div} \tilde{I}$ と $\tilde{S}\nabla T$ の張る2次元空間を考えると，熱力学の扱う世界は力学が扱う世界にくらべて遥かに広く，純粋力学が扱う世界は熱力学の扱う世界の1点でしかない．したがって力学的世界観に基づいて熱力学を議論することは不可能であろう．むしろ，熱力学的世界観を確立することにより，力学的世

界観が理解できるようになるのだろう．このための偉大な一歩がカルノーからクラウジウスに至る熱機関の研究である．

第6章
熱電気現象の熱力学

熱力学第一法則やエントロピー流増大則の応用例として熱電気現象を調べる．熱電気現象に現れる「仕事」は，図示仕事ではなく，電磁気的仕事である．

6.1 熱電気現象の発見

　最初に発見された熱電気現象はゼーベック効果（T. Seebeck, 1821）である．2種類の導体をつないでリングをつくり，片方の接点を加熱し他方の接点を空冷すると，このリングに電流が流れる現象がゼーベック効果である．2種類の導体としては，まず銅 Cu とビスマス Bi またはアンチモン Sb という組み合わせで発見された．このリングの近くに置いた方位磁針が振れることで，この現象に気づいたので，ゼーベックは熱磁気効果と呼んだ．エールステズが電流の磁気効果を発見した翌年であり，フーリエが「熱の解析理論」を出版する前の年である．ビスマス Bi とアンチモン Sb の組み合わせでは特に大きな電流が流れた．銅とさまざまな導体を組み合わせて，ゼーベック電流の序列をつくると，正の最大は Bi で負の最大はテルル Tl だった．Bi と Sb と Tl は半金属である．

　次に発見されたのがペルティエ効果（J. C. A. Peltier, 1834）である．2種類の導体をつないで外部電源から電流を流すと，2つの導体の接点で吸熱や放熱が生じ，出入りする「熱」の量は電流に比例するという現象がペルティエ効果である．最初の発見は Bi と Sb との組み合わせだった．オームの法則の発見(Ohm, 1826)の後，ジュールの法則の発見(1840)の前のことである．

最後に発見されたのがトムソン効果であり，導体に電流を流すとジュール発熱以外に吸放熱が生じる現象である．トムソンは熱力学第一法則を使ってトムソン効果を予想し(1854)，実験で確認した(1856)．

ゼーベック効果，ペルティエ効果，トムソン効果などを総称して熱電気現象と呼ぶことにする．導体が磁場中にあり，磁場の効果が顕著な場合には，ホール効果，ネルンスト効果，エッティングスハウゼン効果，ルデュック-リーギ効果などの多様な熱磁気現象が現れる．ここでは磁場の効果が無視できる場合に限定する．

6.2 ゼーベック効果

6.2.1 熱起電力

ゼーベック効果では2種類の導体をつないでリングを作り2つの接点を異なる温度にする(図6.1)と，このリングに電流が流れる．電流の向きは2つの導体の組み合わせに依存する．

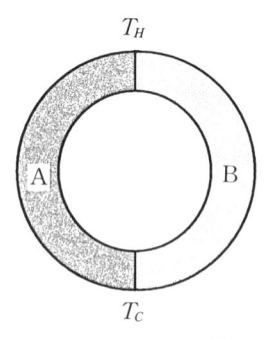

図 6.1 ゼーベック効果．

片方の接点を開放すると電流が流れなくなるが，開放することにより生じた2つの端には電位差が発生する(図6.2)．この電位差を熱起電力と呼ぶ．低温側の接点を開放すると $\phi_A(T_C) \neq \phi_B(T_C)$ となり，高温側の接点を開放すると $\phi_A(T_H) \neq \phi_B(T_H)$ となる．

6.2 ゼーベック効果

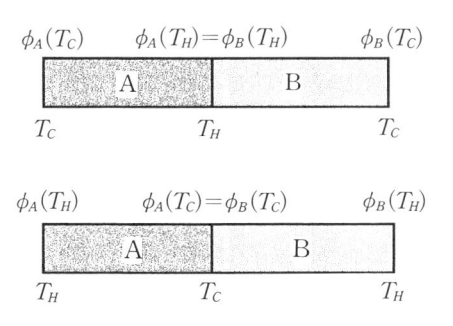

図 6.2 熱起電力.

熱起電力は容易に測定でき，熱起電力に関わる経験則が3つある．

経験則① 熱起電力は導体の長さにも導体中の温度分布にもよらない．
経験則② 熱起電力は，$T_H = T_C$ なら，零である．
経験則③ 熱起電力は，2つの導体が同じ種類なら，零である．

熱起電力に数式表現を与えるために，それぞれの導体中の電位 ϕ_i は，温度勾配によらず，温度に依存すると仮定しよう．導体 A の両端の電位差は $\phi_A(T_H) - \phi_A(T_C)$ であり，導体 B の両端の電位差は $\phi_B(T_H) - \phi_B(T_C)$ だから，熱起電力は両者の差

$$[\phi_A(T_H) - \phi_A(T_C)] - [\phi_B(T_H) - \phi_B(T_C)]$$

あるいは両者の和

$$[\phi_A(T_H) - \phi_A(T_C)] + [\phi_B(T_H) - \phi_B(T_C)]$$

に等しい．いずれも，経験則①と②とを満足している．しかし，経験則③を満足するのは差

$$[\phi_A(T_H) - \phi_A(T_C)] - [\phi_B(T_H) - \phi_B(T_C)]$$

だけである．

これは「熱起電力が2つの導体の種類と2つの温度 T_H，T_C のみに依存する」ことを意味する．したがって，経験則①を踏まえて，「それぞれの導体中の電位 ϕ_i は，温度勾配によらず，温度に依存する」と仮定することができる．

6.2.2 ゼーベック係数

「それぞれの導体中の電位 ϕ_i は，温度勾配によらず，温度に依存する」との仮定を使うと導体中の電位勾配は

$$\nabla \phi = -\Sigma_i \nabla T - \rho_i \tilde{J} \tag{6.1}$$

となる．一様温度では $\nabla \phi = -\rho_i \tilde{J}$ となりオームの法則を表す．ここで ρ_i は，電気伝導度の逆数すなわち電気抵抗率であり，温度に依存する．経験によれば，電気抵抗率は，正または零 ($\rho_i \geq 0$) であり，決して負になることがない．電流が流れていないときには (6.1) は $\nabla \phi = -\Sigma_i \nabla T$ となる．

$$\Sigma_i \equiv -\frac{d\phi}{dT}$$

をゼーベック係数と呼ぶ．ゼーベック係数は，熱電能とも呼ばれている．ゼーベック係数の単位は定義により［電圧］/［温度］である．ゼーベック係数も温度勾配によらず温度に依存する．なお，ゼーベック係数の定義に現れた負の記号は歴史的産物である．歴史的には，導体の中に電場 $-\nabla \phi_i$ を想定し，この電場が温度勾配 ∇T に比例すると考え，その比例係数をゼーベック係数の定義とした ($-\nabla \phi = \Sigma_i \nabla T$) ためである．

ゼーベック係数を使って熱起電力を議論しよう．導体 A の電位差は

$$\phi_A(T_H) - \phi_A(T_C) = \int d\phi_A = -\int_{T_C}^{T_H} \Sigma_A dT$$

であり，導体 B の電位差は

$$\phi_B(T_H) - \phi_B(T_C) = \int d\phi_B = -\int_{T_C}^{T_H} \Sigma_B dT$$

だから，熱起電力は両者の差

$$[\phi_A(T_H) - \phi_A(T_C)] - [\phi_B(T_H) - \phi_B(T_C)] = \int_{T_C}^{T_H} (\Sigma_B - \Sigma_A) dT$$

となる．つまり，熱起電力をゼーベック係数で表すと

$$\int_{T_C}^{T_H} (\Sigma_B - \Sigma_A) dT$$

である．これが熱起電力のゼーベック係数による表現である．熱起電力の測定からわかるのはゼーベック係数の差 $\Sigma_B - \Sigma_A$ であって，導体ごとのゼーベック

係数はわからない．

6.2.3　仕事流と仕事流の変化

　熱起電力が生じている状態は電池と似た状況であり，両端を導線でつなぐと電流が流れる．したがって，ゼーベック効果では電力を出力することができる．

　一様温度では熱起電力は生じないが，電流 $\tilde{J}$ が流れている導体には，導体の単位体積あたり $-\rho_i\tilde{J}$ だけの起電力が生じる．負号は起電力の向きが電流とは逆であることを意味する．これはオームの法則と呼ばれているが，オーム (G. S. Ohm, 1789-1854) 以外にも当時の実験家が気づいていたことなので，電源としてボルタの電堆 (A. G. A. A. Volta, 1800) を使ってこの比例関係を確かなものにする努力が払われていた．当時は電圧計がないので，ボルタの電堆の単電池の数を変えることで電源電圧を変える必要があった．しかし，当時のボルタの電堆を使いこなせたのは有能な化学者ファラデーだけだった．オームも初めのうちはボルタの電堆を使ったが，ボルタの電堆が不安定なことに気づき，ボルタの電堆を熱電堆に置き換えることで，この比例関係を確立した (1825-26)．熱電堆はゼーベック効果による熱電対を直列接続したものである．こうして導体の温度が一定な場合の電流 $\tilde{J}$ と電流による導体の単位長さあたりの起電力との比例関係が確立された．ゼーベック効果が発見されていなかったら，オームの法則はもっと遅れて確立されたに相違ない．

　電流が流れている場合を考える．この電流はゼーベック効果による電流であっても外部電源から供給される電流であってもよい．電位 ϕ のところを定常電流 $\tilde{J}$ が流れているときには，仕事流 $\tilde{I}$ を直感的に

$$\tilde{I} \equiv \phi\tilde{J}$$

で定義する．電位 ϕ は温度の関数なので，温度を指定すれば電位 ϕ が決まる．したがって，この仕事流は温度で指定した面を通る仕事流である．電位 ϕ には任意性があるので，仕事流の大きさにも任意性がある．基準電位を約束で決め初めて電位や仕事流の大きさが決まる．

　仕事流の単位体積あたりの変化は電流の連続性 ($\text{div}\,\tilde{J}=0$) を考慮すると

$$\mathrm{div}\,\tilde{I} = \tilde{J}\nabla\phi$$

となる．これは電位の低い方から高い方へ電流が流れると仕事流が増幅されるが，逆に，電位の高い方から低い方へ電流が流れると仕事流が減衰することを意味する．

(6.1)を使うと，仕事流の変化は

$$\mathrm{div}\,\tilde{I} = -\tilde{J}\Sigma_i\nabla T - \rho_i\tilde{J}^2 \tag{6.2}$$

である．$\rho_i\tilde{J}^2$ はジュール発熱(1840)である．ジュール発熱は一様かつ一定温度では電流の2乗に比例することであったが，抵抗率と結びつけて $\rho_i\tilde{J}^2$ と表現した(1851)のはトムソンである．オームの法則によれば電流を小さくするように起電力が発生するので，この起電力に逆らって電流を流し続けるには電源は，熱力学第一法則により，導体の単位体積あたり $\rho_i\tilde{J}^2$ だけの「仕事」を供給し続ける必要がある．

(6.2)を積分するとゼーベック効果の出力仕事は

$$\int d\tilde{I} = \tilde{J}\int_{T_C}^{T_H}(\Sigma_B - \Sigma_A)dT - \left(\int d\rho_A + \int d\rho_B\right)\tilde{J}^2$$
$$= \left[\int_{T_C}^{T_H}(\Sigma_B - \Sigma_A)dT - \left(\int d\rho_A + \int d\rho_B\right)\tilde{J}\right]\tilde{J}$$

となり，電流の2次式である．

ゼーベック効果では，電力の形で仕事を出力する．出力仕事が正であるためには

$$0 < \tilde{J} < \frac{\int_{T_C}^{T_H}(\Sigma_B - \Sigma_A)dT}{\int d\rho_A + \int d\rho_B}$$

あるいは

$$\frac{\int_{T_C}^{T_H}(\Sigma_B - \Sigma_A)dT}{\int d\rho_A + \int d\rho_B} < \tilde{J} < 0$$

が必要である．ゼーベック効果では，電流の向きは熱起電力 $\int_{T_C}^{T_H}(\Sigma_B - \Sigma_A)dT$ の符号で決まり，電流の大きさには上限がある．

ゼーベック効果の出力電力は起電力が熱起電力 $\int_{T_C}^{T_H}(\Sigma_B-\Sigma_A)dT$ に等しく，内部抵抗が $\int d\rho_A + \int d\rho_B$ であるような電池から定常電流 $\tilde{J}$ を取り出す場合に電池が供給する電力と同じである．したがって，ゼーベック効果の出力電力を最大にするには負荷抵抗を内部抵抗に等しくすればよい．

電力の形で「仕事」を出力するという点ではゼーベック効果は電池と同じであるが，通常の電池は一様温度で動作するのに対して，ゼーベック効果は2つの異なる温度 T_H, T_C で動作するという違いがある．つまりゼーベック効果は化学電池というよりもむしろ原動機である．実際，クラウジウスとトムソンはゼーベック効果を熱機関と考えていた．

6.3　ペルティエ効果

ゼーベック効果が2つの温度 T_H, T_C の間で動作する原動機だとするなら，ゼーベック効果による発電が行われているときには，単純熱伝導以外の機構で，高温端での吸熱と低温端での放熱が生じているはずである．

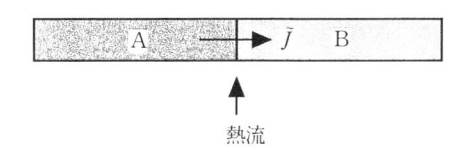

図 6.3　ペルティエ効果．

2つの異種導体を接触させて外部電源から電流を流すと，異種導体の接触面で電流の向きに依存する「熱」の出入りがある（図6.3）．これがペルティエ効果である．接触抵抗による発熱は電流の向きに依存しないのでペルティエ効果とは区別できる．

ペルティエ効果には2つの経験則がある．

経験則①　同種導体の接触面では電流の向きに依存する「熱」の出入りは観測されない．

経験則② 一様温度では,電流の向きに依存する「熱」の出入りの大きさは電流の向きに依存しない.

導体中の熱流は電流に依存すると考えて,熱流 $\tilde{Q}$ を電流 $\tilde{J}$ で形式的に展開すると,
$$\tilde{Q} = a_{i,0} + a_{i,1}\tilde{J} + a_{i,2}\tilde{J}^2 + \cdots$$
となる.電流が流れていない場合 ($\tilde{J}=0$) には $\tilde{Q}=a_{i,0}$ だから,$a_{i,0}$ は熱伝導による熱流 $-\kappa_i\nabla T$ に等しい:$a_{i,0}=-\kappa_i\nabla T$.2つの導体の接触面での「熱」の出入りは,接触抵抗による発熱を無視すると
$$\tilde{Q}_A - \tilde{Q}_B = (\kappa_B\nabla T_B - \kappa_A\nabla T_A) + (a_{A,1}-a_{B,1})\tilde{J} + (a_{A,2}-a_{B,2})\tilde{J}^2 + \cdots$$
となる.これは経験則①を満足している.経験則②により,一様温度では,$\tilde{Q}_A - \tilde{Q}_B$ は電流 $\tilde{J}$ の奇関数でなければならない.したがって,偶数次の係数 $a_{i,2}, a_{i,4}, a_{i,6}\cdots$ は零である:
$$\tilde{Q} = -\kappa_i\nabla T + a_{i,1}\tilde{J} + a_{i,3}\tilde{J}^3 + a_{i,5}\tilde{J}^5 + \cdots$$

ここで
$$\Pi_i \equiv (a_{i,1} + a_{i,3}\tilde{J}^2 + a_{i,5}\tilde{J}^4 + \cdots)$$
を導入すると
$$\tilde{Q} = -\kappa_i\nabla T + \Pi_i\tilde{J} \tag{6.3}$$
である.Π_i は導体 i のペルティエ係数と呼ばれている量であり,ペルティエ係数の次元は[電圧]である.この熱流も温度で指定された面を通る熱流なので,熱伝導度 κ とペルティエ係数 Π_i は温度の関数でなければならない.

(6.3)はエントロピー流が
$$\tilde{S} = \frac{\Pi_i}{T}\tilde{J} - \frac{\kappa_i}{T}\nabla T \tag{6.4}$$
であることを意味する.すなわち,エントロピー流は熱伝導によるエントロピー流 $-\frac{\kappa_i}{T}\nabla T$ と電流によるエントロピー流 $\frac{\Pi_i}{T}\tilde{J}$ とからなる.

(6.3)を使うと
$$\tilde{Q}_A - \tilde{Q}_B = (\kappa_B\nabla T_B - \kappa_A\nabla T_A) + (\Pi_A - \Pi_B)\tilde{J}$$
となるので,ペルティエ効果の観測で決めることができるのはペルティエ係数

の差 $\Pi_A - \Pi_B$ であり，導体ごとのペルティエ係数はわからない．

ペルティエ係数は，定義により，電流 $\tilde{J}$ の偶関数である．したがって $\Pi_A - \Pi_B$ も電流の偶関数である．しかし，これまでに $\Pi_A - \Pi_B$ が電流に依存するという報告がない．このことは，$a_{i,3}, a_{i,5}, \cdots$ は物質によらない定数であることを意味する．さらに，$\Pi_A - \Pi_B$ が温度勾配に依存するとの報告もない．このことから $a_{i,3}, a_{i,5}, \cdots$ は物質にも温度勾配にも依存しない定数であることがわかる．最も簡単なのは $a_{i,3}, a_{i,5}, \cdots$ を零と仮定することである．つまり，ペルティエ係数も，ゼーベック係数，熱伝導度，電気抵抗率と同様に，温度勾配や電流に依存せず，導体の種類と温度のみに依存するに相違ない．

6.4 トムソン効果

これまでの議論で4つの関係式が出てきた．ゼーベック効果の議論から出てきた

$$\nabla \phi = -\Sigma_i \nabla T - \rho_i \tilde{J} \tag{6.1}$$

$$\mathrm{div}\, \tilde{I} = -\tilde{J}\Sigma_i \nabla T - \rho_i \tilde{J}^2 \tag{6.2}$$

とペルティエ効果の議論から出てきた

$$\tilde{Q} = -\kappa_i \nabla T + \Pi_i \tilde{J} \tag{6.3}$$

$$\tilde{S} = \frac{\Pi_i}{T}\tilde{J} - \frac{\kappa_i}{T}\nabla T \tag{6.4}$$

とである．

導体中のエネルギー流 $\tilde{H} = \tilde{Q} + \tilde{I}$ の変化

$$\mathrm{div}\, \tilde{H} = \mathrm{div}\, \tilde{Q} + \mathrm{div}\, \tilde{I}$$

を調べよう．電流の連続性を考慮すると(6.3)から

$$\mathrm{div}\, \tilde{Q} = -\mathrm{div}(\kappa_i \nabla T) + \tilde{J}\nabla \Pi_i = -\mathrm{div}(\kappa_i \nabla T) + \tilde{J}\frac{d\Pi_i}{dT}\nabla T$$

となる．これと(6.2)を使うと

$$\mathrm{div}\, \tilde{H} = \left(\frac{d\Pi_i}{dT} - \Sigma_i\right)\tilde{J}\nabla T - \mathrm{div}(\kappa_i \nabla T) - \rho_i \tilde{J}^2$$

である．あるいは

$$\Theta_i \equiv \frac{d\Pi_i}{dT} - \Sigma_i$$

で定義されるトムソン係数を使って

$$\mathrm{div}\,\tilde{H} = \Theta_i \tilde{J}\nabla T - \mathrm{div}(\kappa_i \nabla T) - \rho_i \tilde{J}^2$$

となる．つまり1つの導体でも，温度勾配と電流とに比例するエネルギーの出入りが可能であり，電流 J と温度勾配 ∇T とに比例する吸放熱量 $\Theta_i \tilde{J}\nabla T$ が観測できるはずである．トムソン係数の次元は定義により［電圧］/［温度］である．ペルティエ係数が温度勾配と電流に依存しないなら，トムソン係数も温度勾配と電流に依存しない．

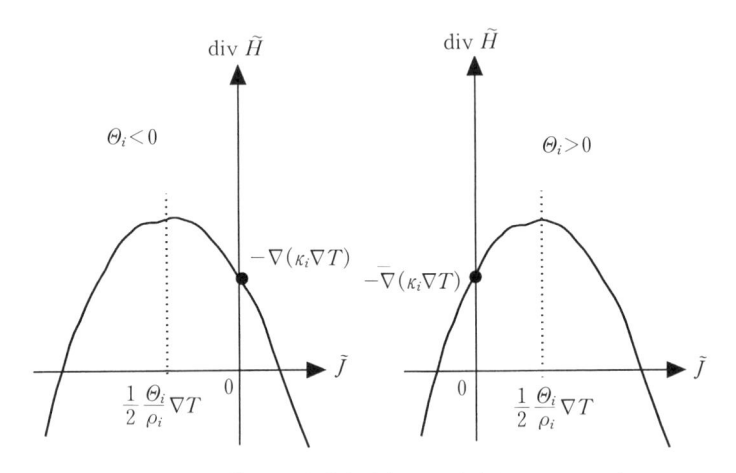

図 6.4　吸熱量 $\mathrm{div}\,\tilde{H}$ の電流 $\tilde{J}$ 依存性．温度勾配 ∇T が一定のとき．

吸熱量 $\mathrm{div}\,\tilde{H}$ は，温度勾配 ∇T が一定なら，電流 $\tilde{J}$ の2次式である．このために，∇T を一定に保ちながら $\tilde{J}$ を変えて吸熱量 $\mathrm{div}\,\tilde{H}$ を測定すると図6.4のようになる．$\tilde{J}=0$ での傾きは $\Theta_i \nabla T$ に等しいので，このような測定からトムソン係数 Θ_i を決めることができる．

トムソンは実際に吸熱量 $\mathrm{div}\,\tilde{H}$ を観測し，吸放熱量 $\Theta_i \tilde{J}\nabla T$ を得た(1856)ので電流 J と温度勾配 ∇T とに比例する吸放熱現象をトムソン効果と呼ぶ．

トムソン係数は1つの導体で測定できるので，実験により大きさも符号も決

まる．このことは，ゼーベック係数やペルティエ係数との大きな違いである．トムソン係数は，熱伝導度や電気抵抗率と同様に電流や温度勾配に依存せず，物質の種類と温度に依存する．トムソン係数 Θ の符号は，銅 Cu，亜鉛 Zn では正，白金 Pt，鉄 Fe では負である．鉛 Pb のトムソン係数は零に近い．

6.5　導線の温度分布

すでに見たように，トムソン係数の定義

$$\Theta_i \equiv \frac{d\Pi_i}{dT} - \Sigma_i$$

を使うと

$$\mathrm{div}\,\tilde{H} = \Theta_i \tilde{J} \nabla T - \mathrm{div}(\kappa_i \nabla T) - \rho_i \tilde{J}^2$$

となり，これを使うと導線の温度分布が議論できる．最も応用価値があるのは真空中の導線である．この場合には $\mathrm{div}\,\tilde{H} = 0$ なので

$$\Theta_i \tilde{J} \nabla T + \mathrm{div}(-\kappa_i \nabla T) = \rho_i \tilde{J}^2$$

である．これは，ジュール発熱による「熱」が熱伝導とトムソン効果により運び去られるように温度分布が決まることを表す．

$$\mathrm{div}(\kappa_i \nabla T) = \nabla \kappa_i \nabla T + \kappa_i \nabla^2 T$$

に注意すると

$$\kappa_i \nabla^2 T - (\Theta_i \tilde{J} - \nabla \kappa_i) \nabla T + \rho_i \tilde{J}^2 = 0$$

となる．

これは形式的には温度についての2階の微分方程式だから，2つの境界条件が与えられればその解が一意的に決まる．例えば両端の温度を境界条件とすればよい．しかし，トムソン係数，熱伝導度，電気抵抗率などが温度の関数なので，これを解析的に解くことは容易でない．

次に

$$\kappa_i \nabla^2 T - (\Theta_i \tilde{J} - \nabla \kappa_i) \nabla T + \rho_i \tilde{J}^2 = 0$$

を調べよう．まず，$\rho_i > 0$ なら，温度分布に極大ができる可能性がある．極大点では

$$\nabla T = 0$$
$$\nabla^2 T < 0$$

だからである．超伝導状態 ($\rho_i = 0$) の場合や，電流が小さいために，電流の2乗に比例するジュール発熱が無視できる場合には

$$\kappa_i \nabla^2 T = (\Theta_i \tilde{J} - \nabla \kappa_i) \nabla T$$

となる．この場合には温度分布が極大をとることはない．

6.6 ゼーベック係数，ペルティエ係数，トムソン係数の間の関係

ここでは1つの導体に着目し，導体を指定する添え字を省略する．トムソンはゼーベック係数 Σ，ペルティエ係数 Π，トムソン係数 Θ の間の関係を議論してトムソンの第一関係式とトムソンの第二関係式とを提唱した．ここではこの2つの関係式について述べる．

6.6.1 トムソンの第一関係式

トムソンの第一関係式は

$$\frac{d\Pi}{dT} = \Theta + \Sigma \tag{6.5}$$

であり，これはトムソン係数の定義そのものである．この関係を導くためにトムソンが行った直感的議論(1854)を次に紹介する．

トムソンが行った議論は次の思考実験に基づくものである．図6.5のように任意の2種類の導体 A，B を接続し，電流が流れないように，熱起電力に等しい出力電圧の電池をつなぐ．温度差 ΔT は温度 T にくらべて小さいとする．電池は B を通る熱流の妨げとならないように透熱性とする．

この状態で仮想的な単位電荷を仮想的にゆっくり1周させる．ゆっくりとはジュール発熱が無視できるようにするためである．このときに単位電荷が吸収する全エネルギーは，熱力学第一法則により，ゼーベック効果による熱起電力 $[\Sigma_B(T) - \Sigma_A(T)] \Delta T$ に等しい．

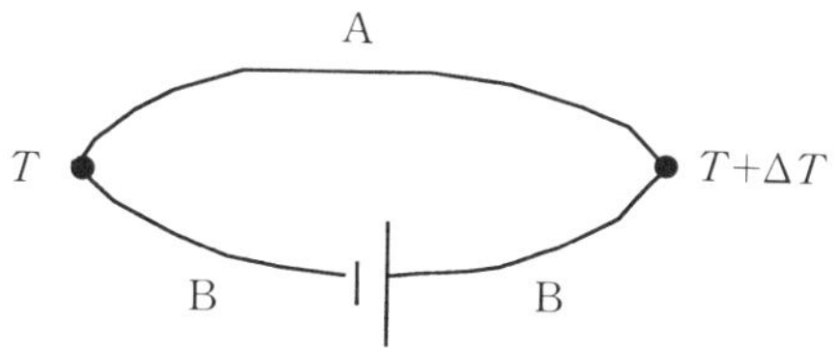

6.6 ゼーベック係数，ペルティエ係数，トムソン係数の間の関係

図 6.5 トムソンの思考実験．熱起電力に等しい出力電圧の電池をつないだ熱電対．

低温端で B から A に移動する際に吸収するエネルギーは $\Pi_A(T) - \Pi_B(T)$ である．A を通って低温端から高温端へ移動するさいに吸収するエネルギーは $\Theta_A(T)\Delta T$ である．高温端で A から B に移動する際に吸収するエネルギーは

$$\Pi_B(T+\Delta T) - \Pi_A(T+\Delta T)$$
$$= \Pi_B(T) - \Pi_A(T) + \frac{d}{dT}[\Pi_B(T) - \Pi_A(T)]\Delta T$$

である．最後に B を通って低温端から高温端へ移動する際に吸収するエネルギーは $-\Theta_B(T)\Delta T$ である．

合計すると，単位電荷が吸収する全エネルギーは

$$[\Theta_A(T) - \Theta_B(T)]\Delta T + \frac{d}{dT}[\Pi_B(T) - \Pi_A(T)]\Delta T$$

となる．

これは，熱力学第一法則により，ゼーベック効果による熱起電力 $[\Sigma_B(T) - \Sigma_A(T)]\Delta T$ に等しいから，

$$[\Theta_A(T) - \Theta_B(T)] + \frac{d}{dT}[\Pi_B(T) - \Pi_A(T)] = [\Sigma_B(T) - \Sigma_A(T)]$$

となる．これを書き換えると

$$\Theta_A(T) - \frac{d\Pi_A(T)}{dT} + \Sigma_A(T) = \Theta_B(T) - \frac{d\Pi_B(T)}{dT} + \Sigma_B(T)$$

となる．

この関係は導体 A, B の任意の組み合わせと任意の温度に対して成り立たなければならない．したがって

$$\frac{d\Pi}{dT} = \Theta + \Sigma$$

が必要である．

　以上がトムソンの議論である．つまり仮想的な単位電荷を仮想的に1周させるという思考実験を熱力学第一法則に基づき議論した結果がトムソンの第一関係式である．トムソンの議論には熱流や仕事流が出てこない．エネルギーの出入りだけで議論している．その替わりに仮想的な単位電荷という概念が持ち込まれている．

　なお，1854年は熱力学にとって大事な年である．クラウジウスがクラウジウスの不等式を見いだし，トムソンが熱力学的温度を提唱したのが1854年であり，同じ年に熱電気現象ではトムソンの第一関係式が予言された．豊田利幸[注1]によれば，熱力学に対応する英語thermodynamicsはトムソンの造語であり，熱電気現象の論文(1854)中に出現したという．

6.6.2　エントロピー流増大則

　ここでは導体の側面は外界から遮断されているとする．第5章で示したように，定常状態に関わる熱力学第一法則は

$$T \operatorname{div} \tilde{S} = -(\tilde{S}\nabla T + \operatorname{div} \tilde{I})$$

である．(6.2)と(6.4)を使うと

$$T \operatorname{div} \tilde{S} = \tilde{J}\Sigma\nabla T + \rho\tilde{J}^2 + \frac{-\Pi\tilde{J}\nabla T + \kappa(\nabla T)^2}{T}$$

$$= \rho\tilde{J}^2 + \frac{\kappa(\nabla T)^2}{T} + \left(\Sigma - \frac{\Pi}{T}\right)\tilde{J}\nabla T$$

となる．したがって，エントロピー流増大は

$$\operatorname{div} \tilde{S} = \frac{\rho}{T}\tilde{J}^2 + \kappa\left(\frac{\nabla T}{T}\right)^2 + \left(\Sigma - \frac{\Pi}{T}\right)\tilde{J}\frac{\nabla T}{T}$$

である．

　エントロピー流増大則によりこれは負になることがない．エントロピー流増

[注1]　豊田利幸：Maxwellと「熱動力学」，数理科学，**470**（2002）pp. 18-26．

6.6 ゼーベック係数，ペルティエ係数，トムソン係数の間の関係

大 $\text{div}\,\tilde{S}$ が任意の電流 $\tilde{J}$ と温度勾配 ∇T とに対して非負となるための必要十分条件は，

$$\kappa \geq 0$$
$$\rho \geq 0$$
$$\left(\Sigma - \frac{\Pi}{T}\right)^2 \leq \rho\kappa$$

である．したがって，熱伝導度 κ と電気抵抗率 ρ はともに正または零である．このことは経験事実と一致する．あるいは，熱伝導度 κ と電気抵抗率 ρ はともに正または零であるという経験事実はエントロピー流増大則の現れである．3番目の条件は $\Sigma - \frac{\Pi}{T}$ の大きさの範囲を制限する．

こうして，エントロピー流増大 $\text{div}\,\tilde{S}$ には3つの要因があることが判明した．定常熱伝導によるもの $\kappa\left(\frac{\nabla T}{T}\right)^2 \geq 0$ と，ジュール発熱によるもの $\frac{\rho}{T}\tilde{J}^2 \geq 0$ と，$\left(\Sigma - \frac{\Pi}{T}\right)\tilde{J}\frac{\nabla T}{T}$ とである．最後の項の符号は定まらない．

さてトムソン係数 Θ は実験で決めることができるが，トムソンの第一関係式だけでは，何らかの方法でゼーベック係数 Σ が決まったとしても，決めることができるのは $d\Pi/dT$ だけであり，ペルティエ係数 Π は決まらない．エントロピー流増大則を使っても，Π がある範囲に限定されるだけである．

トムソンは Σ と Π の間の関係

$$\Pi = \Sigma T \tag{6.6}$$

を提案した．これをトムソンの第二関係式と呼ぶ．この関係式を使うと，Σ と Π のうちのどちらか一方が決まれば他方が決まる．トムソンの第二関係式を実験的に確認する方法がないし，トムソンの第二関係式はエントロピー流増大則から導かれる結果でもないので，トムソンの第二関係式はかなり大胆な提案である．

トムソンの第二関係式を使うと

$$\left(\Sigma - \frac{\Pi}{T}\right)\tilde{J}\frac{\nabla T}{T} = 0$$

となるので，トムソンの第二関係式は，「熱電気現象ではエントロピー流増大の原因はジュール発熱と定常熱伝導だけであり，その他の原因が存在しない」ことを主張している．この主張をトムソンは直感的に当然のことと思ったのだろう．

トムソンの第二関係式を認めると，エントロピー流増大は
$$\mathrm{div}\,\tilde{S} = \frac{\rho}{T}\tilde{J}^2 + \kappa\left(\frac{\nabla T}{T}\right)^2$$
となり，(6.4)は
$$\tilde{S} = \Sigma\tilde{J} - \frac{\kappa}{T}\nabla T$$
となる．

6.6.3 電流と熱流の関係

電流と熱流の満たすべき2つの関係式
$$\nabla\phi = -\Sigma\nabla T - \rho\tilde{J} \tag{6.1}$$
$$\tilde{Q} = \Pi\tilde{J} - \kappa\nabla T \tag{6.3}$$
を調べよう．$\rho=0$ では，温度勾配や電位勾配が与えられても，電流が不定となる．$\kappa=0$ では電流と熱流が与えられても温度勾配が不定となる．したがって，電流と温度勾配とが同時に定まるためには $\rho>0, \kappa>0$ が必要である．ここではこの場合を議論する．

(6.1)から
$$\tilde{J} = -\frac{1}{\rho}\nabla\phi - \frac{\Sigma}{\rho}\nabla T = \frac{T}{\rho}\frac{-\nabla\phi}{T} + \frac{\Sigma T^2}{\rho}\nabla\left(\frac{1}{T}\right)$$
となる．これを(6.3)に代入すると
$$\tilde{Q} = -\frac{\Pi}{\rho}\nabla\phi - \left(\frac{\Pi\Sigma}{\rho}+\kappa\right)\nabla T = \frac{\Pi T}{\rho}\frac{-\nabla\phi}{T} + \left(\frac{\Pi\Sigma}{\rho}+\kappa\right)T^2\nabla\left(\frac{1}{T}\right)$$
となる．したがって，$\tilde{J}$ と $\tilde{Q}$ はいずれも，$\dfrac{-\nabla\phi}{T}$ と $\nabla\left(\dfrac{1}{T}\right)$ との1次式となり，行列表現では

$$\begin{bmatrix} \tilde{J} \\ \tilde{Q} \end{bmatrix} = \begin{bmatrix} \dfrac{T}{\rho} & \dfrac{\Sigma T^2}{\rho} \\ \dfrac{\Pi T}{\rho} & \left(\dfrac{\Pi \Sigma}{\rho} + \kappa\right) T^2 \end{bmatrix} \begin{bmatrix} \dfrac{-\nabla \phi}{T} \\ \nabla\left(\dfrac{1}{T}\right) \end{bmatrix}$$

である．

　この行列の性質を調べよう．まず，行列式は，$(\kappa/\rho)T^3$ となり，有限である．したがって，この行列には逆行列が存在する．線型応答の理論によれば，Onsager の相反定理により，この行列の非対角成分は等しくなければならない．こうしてトムソンの第二関係式が導かれる．

　なお，線型応答の理論が扱っているのは $\rho \neq 0$ の場合であり，$\rho = 0$ の場合は扱えない．したがって超伝導状態にある超伝導体ではトムソンの第二関係式を導くことができない．

6.7　標準導体：超伝導体

　トムソンの第一関係式

$$\frac{d\Pi}{dT} = \Theta + \Sigma \tag{6.5}$$

とトムソンの第二関係式

$$\Pi = \Sigma T \tag{6.6}$$

とを使っても，ゼーベック係数とペルティエ係数とは決まらない．新たな知見はゼーベック係数とペルティエ係数とは符合が同じだということだけである．(6.5) と (6.6) から

$$\Theta = T \frac{d\Sigma}{dT}$$

となる．これもトムソンの第二関係式と呼ばれることがある．トムソン係数の値から，ゼーベック係数の温度依存性が決まる．しかしゼーベック係数の値は決まらない．ゼーベック係数やペルティエ係数を実験的に決めるには素性の知れた標準導体が必要だからである．

　ゼーベック係数の温度依存性を

$$\Sigma = kT^n$$

すなわち

$$\frac{T}{\Sigma}\frac{d\Sigma}{dT} = n$$

と表現することができるなら，トムソンの第二関係式から

$$\Pi = kT^{n+1}$$

$$\Theta = knT^n$$

となる．

　鉛のトムソン係数は0に近いので，鉛ではよい近似で $n=0$ であろう．このことは鉛ではゼーベック係数が温度に依存せず，ペルティエ係数が温度に比例することを意味する．このために長いこと，鉛を標準導体としてゼーベック係数やペルティエ係数が推定されてきた．しかし，鉛のゼーベック係数が温度によらないと仮定しても，鉛のゼーベック係数の値はわからない．

　ゼーベック係数が温度によらず零であるような標準導体が存在するなら，これと組み合わせて熱起電力を測定するとゼーベック係数が決まり，(6.6)を使えばペルティエ係数が決まる．

　超伝導状態にある超伝導体はこのような標準導体である．超伝導状態では温度勾配や電流によらず $\nabla\phi=0$ である．したがって

$$\nabla\phi = -\Sigma\nabla T - \rho\tilde{J} \tag{6.1}$$

を使うと，超伝導状態にある限り温度によらず，$\Sigma=0, \rho=0$ だからである．

　現代では超伝導状態にある超伝導体を標準導体として，ゼーベック係数を決めることができる．ゼーベック係数が決まれば，トムソンの第二関係式を使うことで，ペルティエ係数もトムソン係数も決まる．超伝導転移温度以上ではトムソン係数の測定が重要となる．

　実験によれば，半金属（semi metal）のゼーベック係数は，温度にあまり依存せず，大きさは $100\ \mu V/K$ 程度である（$\Sigma \sim \pm 100\ \mu V/K$）．金属（metal）のゼーベック係数は負で温度にほぼ比例する（$\Sigma/T \sim -10\ \mu V/K^2$）．半導体（semi conductor）のゼーベック係数は温度にほぼ反比例するので，ペルティエ係数（$\Pi = \Sigma T \sim \pm 0.1V$）は温度にあまり依存しない．

超伝導状態にある超伝導体と組み合わせてペルティエ効果を観測すると，超伝導状態にある超伝導体のペルティエ係数が 0 であることがわかる．したがって，「超伝導状態にある超伝導体でもトムソンの第二関係式が成り立っている」ことは経験事実である．つまり，「熱電気現象ではエントロピー流増大の原因はジュール発熱と定常熱伝導だけであり，その他の原因が存在しない」という主張は超伝導状態にある超伝導体にも拡張できる主張である．

こういうわけで，トムソンの第二関係式は重要な経験則の 1 つである．

超伝導状態にある超伝導体ではゼーベック係数もペルティエ係数も温度によらず 0 なのでトムソン係数も 0 である．しかし，超伝導状態にある超伝導体では熱伝導度だけは有限にとどまる．

6.8 熱電気現象の応用

導体 A と導体 B との一対からなる系を考える．導体 B は超伝導状態にある超伝導体とする．簡単のために導体 B の熱伝導度は零とする．こうすると導体 B の中では，電流の大きさや温度勾配の大小にかかわらず，熱流が零となる．

ここでは導体 A を表す添え字を省略し，
$$\mathrm{div}\,\tilde{I} = -(\Sigma\nabla T + \rho\tilde{J})\tilde{J} \tag{6.2}$$

$$\tilde{S}\nabla T = \tilde{J}\Sigma\nabla T - \frac{(\nabla T)^2 \kappa}{T} \tag{6.7}$$

を使って，この熱機関を議論する．(6.7) は (6.4) の両辺に ∇T を乗じただけである．

原動機では $\tilde{S}\nabla T < 0$, $\mathrm{div}\,\tilde{I} > 0$ なので，(6.2) と (6.7) とから

$$-\frac{(\Sigma\nabla T)^2}{\rho} < \tilde{J}\Sigma\nabla T < 0$$

が必要である．この不等式により原動機として動作する電流の範囲が決まる．原動機では，$\tilde{J}\Sigma\nabla T$ は負で，その下限は $-(\Sigma\nabla T)^2/\rho$ に等しい．これは原動機の大切な性質である．電気抵抗率は正なので，この必要条件を書き換えると

$$-\left(\frac{\Sigma}{\rho}\nabla T\right)^2 < \tilde{J}\frac{\Sigma}{\rho}\nabla T < 0$$

となる．したがって，大電流を取り出すには，$\frac{\Sigma}{\rho}\nabla T$ の大きさが大きいことが望ましい．

ヒートポンプでは $\tilde{S}\nabla T>0$, div $\tilde{I}<0$ なので，(6.2) と (6.7) とから

$$\tilde{J}\Sigma\nabla T > \frac{\kappa(\nabla T)^2}{T}$$

が必要である．この不等式によりヒートポンプとして動作する電流の範囲が決まる．ヒートポンプでは $\tilde{J}\Sigma\nabla T$ は正で，その下限は $\frac{\kappa}{T}(\nabla T)^2$ である．これはヒートポンプの大切な性質である．熱伝導度は正なので，この必要条件を書き換えると

$$\tilde{J}\frac{\Pi}{\kappa\nabla T} > 1$$

となる．小さな電流でヒートポンプ作用を行うには $\frac{\kappa}{\Pi}\nabla T$ の大きさが小さいことが望ましい．

Π と Σ とは同符号なので，原動機とヒートポンプとでは電流 $\tilde{J}$ の向きが異なる．

例題 1 導体と熱伝導度が零の超伝導体とを組み合わせてループを作り，導体と超伝導体との2つの接点を異なる温度に保つ．このときにどんな状態が可能か．

解 熱伝導度が零の超伝導体では，熱流，仕事流，エネルギー流は零である．導体中では，外界への出力仕事がないので，$\nabla \tilde{I}=0$ である．したがって (6.2) から

$$\tilde{J} = 0$$

または

$$\tilde{J} = -\frac{\Sigma\nabla T}{\rho}$$

の2つの状態が可能である．この2つの状態はループ内の磁束の有無で区別がつく．したがって，このループは記憶素子として使うことができるだろう．

6.8.1 熱電気発電の EAC

熱電気現象での発電は原動機なので
$$-\frac{(\Sigma \nabla T)^2}{\rho} < \Sigma \tilde{J} \nabla T < 0$$
が必要である．したがって
$$J = 0$$
あるいは
$$J = -\frac{\Sigma}{\rho} \nabla T$$
の極限では，出力仕事が零になる．

EAC を議論しよう．原動機では
$$EAC \equiv \frac{\tilde{S}_C}{\tilde{S}_H}$$
である．効率との関係は，第5章で調べたように
$$\eta = 1 - EAC \frac{T_C}{T_H}$$
である．出力仕事が零の場合には $\eta = 0$ だから
$$EAC = \frac{T_H}{T_C}$$
である．一般には
$$\tilde{S} = \Sigma \tilde{J} - \frac{\kappa}{T} \nabla T \tag{6.4}$$
に注意すると，
$$EAC = \frac{\left(\Sigma \tilde{J} - \frac{\kappa}{T} \nabla T\right)_{T_C}}{\left(\Sigma \tilde{J} - \frac{\kappa}{T} \nabla T\right)_{T_H}}$$
である．

まず，$J=0$ の極限と $J=-\dfrac{\Sigma}{\rho}\nabla T$ の極限とを議論する．$J=0$ の極限では $EAC=T_H/T_C$ なので

$$(\kappa\nabla T)_{T_H}=(\kappa\nabla T)_{T_C}$$

である．$J=-\dfrac{\Sigma}{\rho}\nabla T$ の極限でも $EAC=T_H/T_C$ なので

$$\left(\dfrac{\Sigma^2 T}{\rho}-\kappa\nabla T\right)_H=\left(\dfrac{\Sigma^2 T}{\rho}-\kappa\nabla T\right)_C$$

である．このことは導体中の温度分布が電流の大きさに依存することの現れである．

次に $\Sigma\tilde{J}$ にくらべて $\dfrac{\kappa}{T}\nabla T$ が無視できる場合を想定すると，この場合には

$$EAC\approx\dfrac{(\Sigma)_{T_C}}{(\Sigma)_{T_H}}$$

となる．EAC の値は，半導体ではゼーベック係数が温度に反比例するので T_H/T_C に比例し，半金属ではゼーベック係数の温度依存性が小さいのでほとんど温度に依存しない，金属ではゼーベック係数が温度に比例するので T_C/T_H に比例する．したがってこの場合には，半導体にくらべて半金属や金属の方が EAC が小さい．つまり，大きな電流を取り出す原動機目的には半金属や金属が適している．

しかし，半金属や金属でも EAC が 1 以下になることはない．実際には $\Sigma\tilde{J}$ にくらべて $\dfrac{\kappa}{T}\nabla T$ が無視できないからである．

6.8.2　熱電気冷凍の EAC

ヒートポンプでは

$$\tilde{J}\dfrac{\Pi}{\kappa\nabla T}>1$$

が必要である．したがって，$\tilde{J}=\dfrac{\kappa}{\Pi}\nabla T$ の極限で，冷凍能力がなくなる．

EAC を議論しよう．ヒートポンプでは

6.8 熱電気現象の応用

$$EAC \equiv \frac{\tilde{S}_H}{\tilde{S}_C}$$

である．COP との関係は

$$COP = \frac{1}{EAC\dfrac{T_H}{T_C}-1}$$

である．(6.4)とトムソンの第2関係式に注意すると，

$$EAC = \frac{\left(\Sigma\tilde{J}-\dfrac{\kappa}{T}\nabla T\right)_{T_H}}{\left(\Sigma\tilde{J}-\dfrac{\kappa}{T}\nabla T\right)_{T_C}} = \frac{(\Pi\tilde{J}-\kappa\nabla T)_{T_H}}{(\Pi\tilde{J}-\kappa\nabla T)_{T_C}}\frac{T_C}{T_H}$$

である．
$\tilde{J}=\dfrac{\kappa}{\Pi}\nabla T$ の極限で $EAC=\infty$ となるためには，低温端では $\tilde{J}=\dfrac{\kappa}{\Pi}\nabla T$ でも，高温端では $\tilde{J}\neq\dfrac{\kappa}{\Pi}\nabla T$ でなければならない．

次に $\Sigma\tilde{J}$ にくらべて $\dfrac{\kappa}{T}\nabla T$ が無視できる場合を想定すると，この場合には

$$EAC \approx \frac{(\Sigma)_{T_H}}{(\Sigma)_{T_C}} = \frac{(\Pi)_{T_H}}{(\Pi)_{T_C}}\frac{T_C}{T_H}$$

となる．EAC の値は，金属ではゼーベック係数が温度に比例するので T_H/T_C に比例し，半金属ではゼーベック係数の温度依存性が小さいので温度にほとんど依存しない，半導体ではペルティエ係数が温度にあまり依存しないので T_C/T_H に比例する．したがってこの場合には金属にくらべて半金属や半導体の方が EAC が小さい．つまりヒートポンプの目的には半金属や半導体が適している．

半金属や半導体でも EAC が 1 以下になることはない．実際には $\Sigma\tilde{J}$ にくらべて $(\kappa/T)\nabla T$ が無視できないからである．

6.8.3 導体 B が超伝導体ではない場合

ここまでは導体 B が熱伝導度零の仮想的超伝導体の場合を議論してきた．ここでは導体 B が一般の導体の場合を考える．

両導体のゼーベック係数が同符合なら，片方の導体は原動機として振舞い，他方の導体は冷凍機として振舞う．両導体のゼーベック係数が同じなら，熱電気現象が生じない．ゼーベック係数に差があれば，熱電気現象が出現し，両者の差に相当して原動機あるいは冷凍機となる．

両導体のゼーベック係数が異符合なら，両導体とも原動機あるいは冷凍機として振舞う．この場合には熱起電力は 2 つの導体の熱起電力の和になる．原動機として振舞う場合には出力仕事が両導体の和になる．冷凍機として振舞う場合には冷凍能力も両導体の和になる．

したがって，熱電気現象を応用するには，ゼーベック係数の符号が異なる導体を組み合わせることが望ましい．

6.8.4 熱電気現象の応用例

熱電気現象を利用する目的で使う異種導体の対は熱電素子と呼ばれている．
熱電対温度計（thermocouple thermometer）は熱起電力

$$\int_{T_C}^{T_H}(\Sigma_B - \Sigma_A)dT$$

の温度依存性をあらかじめ調べておいて，測定した熱起電力から温度を知る道具である．最近では耳にあてて深部体温を測る体温計にも使われている．

$\Sigma \propto T^n$ とすると，$n \neq -1$ なら

$$\int_{T_C}^{T_H} \Sigma dT \propto T_H^{n+1} - T_C^{n+1}$$

$n = -1$ では

$$\int_{T_C}^{T_H} \Sigma dT \propto \log\left(\frac{T_C}{T_H}\right)$$

となる．半導体（$n \approx -1$）で作った熱電素子は熱起電力の温度依存性が小さいので熱電対温度計には向かないが，金属（$n \approx 1$）で作った熱電素子は熱起電力の温度依存性が大きいので熱電対温度計に適しているが低温では温度分解能が落ちる．低温ではむしろ半金属（$n \approx 0$）で作った熱電素子のほうが熱電対温度計に向いている．

化学電池を直列接続すると大きな起電力が得られるように，熱起電力も熱電

6.8 熱電気現象の応用

素子の直列接続により大きくすることができる．図 6.6 の例では 3 個の熱電素子を直列接続した場合である．これで内部抵抗が 3 倍になるが熱起電力も 3 倍になる．n 個の熱電素子を直列接続すると内部抵抗と熱起電力が n 倍になる．1 個の熱電素子の熱起電力が小さくて測定しにくい場合でも，多数の熱電素子を直列接続することで，測定が容易になる．

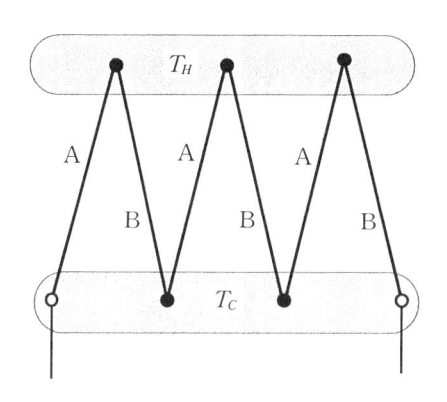

図 6.6 熱電堆．

このようにいくつもの熱電素子を直列接続したものを熱電堆（thermopile）と呼ぶ．最近の微細加工技術は多数の熱電素子からなる小さい熱電堆の製造を可能にした．すでに述べたようにオームがオームの法則を確立したときに使った電源も熱電堆である．当時の化学電池は不安定だったのでファラデーのような優秀な化学者のみ使いこなすことができた．化学電池の替わりに使うには，熱起電力の温度依存性が小さい半金属や半導体が適している．熱起電力の温度依存性が小さいからである．当時は多数の化学電池を直列接続するよりも半金属で作った熱電素子を直列接続した熱電堆のほうが起電力が安定だった．

熱電気現象を使うとヒートポンプを作ることができる．外部電源を使って，低温端で吸熱，高温端で放熱が生じるように電流を流せばよい．熱電気現象を使うヒートポンプは熱電気冷凍あるいは電子冷凍とも呼ばれている．吸放熱量の電流による制御と計測にも使われる．定電流源で駆動するなら，ヒートポンプのためにはペルティエ係数の温度依存性が小さい半導体 ($n \approx -1$) で作った

熱電素子が適していて，n 型半導体と p 型半導体との組み合わせがよく使われる．

6.9　ま　と　め

定常状態での熱力学第一法則
$$\mathrm{div}\,\tilde{H} = \mathrm{div}\,\tilde{Q} + \mathrm{div}\,\tilde{I}$$
とエントロピー流増大則
$$\mathrm{div}\,\tilde{S} \geq 0$$
を使って熱電気現象を議論した．

熱電気現象では，電流や温度勾配との関係は
$$\mathrm{div}\,\tilde{I} = -\tilde{J}\Sigma\nabla T - \rho\tilde{J}^2 \tag{6.2}$$
$$\tilde{S} = \frac{\Pi}{T}\tilde{J} - \frac{\kappa}{T}\nabla T \tag{6.4}$$
である．ここで，Σ はゼーベック係数，Π はペルティエ係数，κ は熱伝導度，ρ は電気抵抗率である．トムソン係数
$$\Theta \equiv \frac{d\Pi}{dT} - \Sigma$$
を使うと，熱力学第一法則は
$$\mathrm{div}\,\tilde{H} = \Theta\tilde{J}\nabla T - \mathrm{div}(\kappa\nabla T) - \rho\tilde{J}^2$$
となる．

エントロピー流増大則からは，電気抵抗率が非負ということが導かれた．

トムソンの第二関係式
$$\Sigma = \Pi T \tag{6.6}$$
はエントロピー流増大則を満足している．トムソンの第二関係式を使うと
$$\tilde{S} = \Sigma\tilde{J} - \frac{\kappa}{T}\nabla T$$
$$\mathrm{div}\,\tilde{S} = \frac{\rho}{T}\tilde{J}^2 + \kappa\left(\frac{\nabla T}{T}\right)^2$$
となる．前者は電流に比例するエントロピー流が存在し，その比例係数がゼー

6.9 まとめ

ベック係数であることを表し，後者はエントロピー流増大の要因がジュール発熱と熱伝導であることを主張している．

　超伝導状態にある超伝導体はゼーベック係数が温度によらず零の理想的な標準導体である．トムソンの第二関係式は，実験によれば超伝導状態でも成り立つ関係である．

第7章
エントロピー流増大最小の法則

　エントロピー流に関わる法則には，熱力学第二法則（エントロピー流増大則）だけではなく，エントロピー流増大最小の法則もある．エントロピー流増大最小の法則はエントロピー流増大則と同様に経験則である．ここでは熱機関などを例としてエントロピー流増大最小の法則を述べる．

7.1　熱機関のエントロピー流増大

　熱機関には2種類ある．熱電気現象のような定常的熱機関と通常の熱機関のような作業物体の周期的運動を伴う熱機関である．前者ではエントロピー流や仕事流が定常であり時刻によらない．後者では，作業物体の状態が1周期の間に変化するので，エントロピー流や仕事流も1周期の間に変化するかもしれない．しかし1周期の間での時間平均を考えるなら，エントロピー流や仕事流は定常で時刻によらない．ここではこのような意味での定常状態を考える．
　熱機関の動作はヒートポンプと原動機とに大別される．ここでは熱機関の動作とエントロピー流増大との関係を調べよう．

7.1.1　ヒートポンプのエントロピー流増大

　ヒートポンプでは，外界から「仕事」$\tilde{I}_{input}$ を投入すると，低温部からエントロピー流 $\tilde{S}_C$ が流れ込み，高温部からエントロピー流 $\tilde{S}_H$ が流れ出る．これがヒートポンプ作用である．したがってヒートポンプのエントロピー流増大は

$$\Delta \tilde{S} \equiv \tilde{S}_H - \tilde{S}_C = \frac{\tilde{Q}_H}{T_H} - \frac{\tilde{Q}_C}{T_C}$$

となる．エントロピー流増大則 ($\Delta \tilde{S} \geq 0$) により

$$\frac{\tilde{Q}_C}{\tilde{Q}_H} \leq \frac{T_C}{T_H}$$

である．またヒートポンプへの投入仕事と熱流との関係は，エネルギー保存則により，

$$\tilde{I}_{input} = \tilde{Q}_H - \tilde{Q}_C$$

である．

投入仕事を使って，ヒートポンプのエントロピー流増大を書き換えると

$$\begin{aligned}\Delta \tilde{S} &= \frac{\tilde{Q}_H}{T_H} - \frac{\tilde{Q}_C}{T_C} \\ &= \frac{\tilde{Q}_H - \tilde{Q}_C}{T_H} - \left(\frac{1}{T_C} - \frac{1}{T_H}\right)\tilde{Q}_C \\ &= \frac{\tilde{I}_{input}}{T_H} - \left(\frac{1}{T_C} - \frac{1}{T_H}\right)\tilde{Q}_C\end{aligned}$$

となる（図 7.1）．

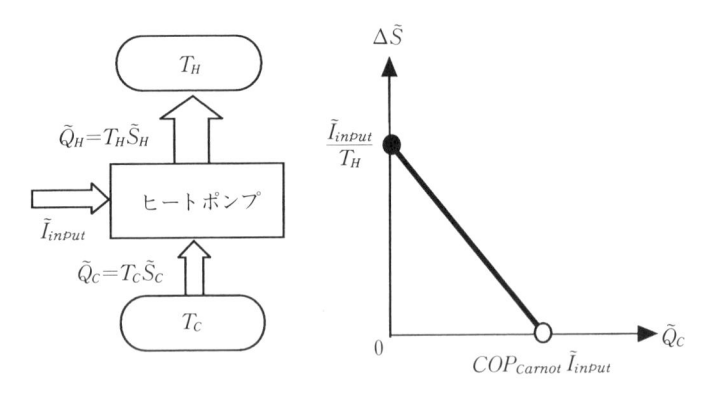

図 7.1 ヒートポンプの冷凍能力とエントロピー流増大との関係．

$T_H, T_C, \tilde{I}_{input}$ 一定の場合を考える．この場合にはエントロピー流増大 $\Delta \tilde{S}$ は冷凍能力 $\tilde{Q}_C$ の減少関数である．$\tilde{Q}_C = 0$ では

$$\Delta \tilde{S} = \frac{\tilde{I}_{input}}{T_H}$$

であり，入力仕事 $\tilde{I}_{input}$ がすべて散逸されて，熱流となって高温端から流出す

7.1 熱機関のエントロピー流増大

る．$\tilde{Q}_C$ の上限はエントロピー流増大則により

$$\frac{T_C}{T_H-T_C}\tilde{I}_{input} = COP_{Carnot}\,\tilde{I}_{input}$$

に等しい．$\tilde{Q}_C$ がこの上限に等しい場合にはエントロピー流増大がない．これはカルノー機関に相当する．

ヒートポンプがヒートポンプとして動作している場合（$\tilde{Q}_C > 0$）にはエントロピー流増大 $\Delta\tilde{S}$ は $\tilde{I}_{input}/T_H$ よりも小さくなることに注意してほしい．

7.1.2 原動機のエントロピー流増大

原動機では高温部からエントロピー流 $\tilde{S}_H$ が流れ込み，低温部からエントロピー流 $\tilde{S}_C$ が流れ出る．したがって原動機のエントロピー流増大は

$$\Delta\tilde{S} \equiv \tilde{S}_C - \tilde{S}_H = \frac{\tilde{Q}_C}{T_C} - \frac{Q_H}{T_H}$$

である．エントロピー流増大則（$\Delta\tilde{S} \geq 0$）により

$$\frac{\tilde{Q}_C}{\tilde{Q}_H} \geq \frac{T_C}{T_H}$$

である．出力仕事と熱流との関係は，エネルギー保存則により，

$$\tilde{I}_{output} = \tilde{Q}_H - \tilde{Q}_C$$

である．

出力仕事を使って，原動機のエントロピー流増大を書き換えると

$$\begin{aligned}\Delta\tilde{S} &= \frac{\tilde{Q}_C}{T_C} - \frac{\tilde{Q}_H}{T_H} \\ &= \left(\frac{1}{T_C} - \frac{1}{T_H}\right)\tilde{Q}_H - \frac{\tilde{Q}_H - \tilde{Q}_C}{T_C} \\ &= \left(\frac{1}{T_C} - \frac{1}{T_H}\right)\tilde{Q}_H - \frac{\tilde{I}_{output}}{T_C}\end{aligned}$$

となる．

$T_H, T_C, \tilde{Q}_H$ 一定の場合を考える．この場合には，$\Delta\tilde{S}$ は $\tilde{I}_{output}$ の減少関数である（図 7.2）．$\tilde{I}_{output} = 0$ では

$$\Delta\tilde{S} = \left(\frac{1}{T_C} - \frac{1}{T_H}\right)\tilde{Q}_H$$

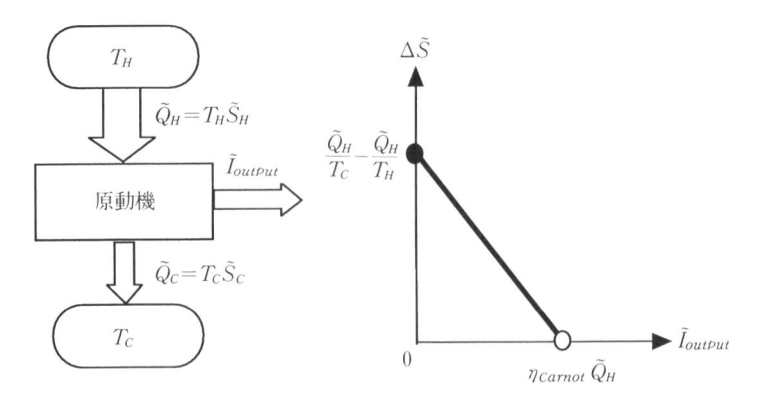

図 7.2　原動機の出力仕事とエントロピー流増大との関係.

となり，これは単純熱伝導の場合と同様に，高温部から流入した熱流がすべて低温端から出ていくことを意味する．エントロピー流増大則による出力仕事 $\tilde{I}_{output}$ の上限は

$$\left(1-\frac{T_C}{T_H}\right)\tilde{I}_{output} = \eta_{Carnot}\,\tilde{I}_{output}$$

であり，$\tilde{I}_{output}$ がこの上限に等しい場合にはエントロピー流増大がない．この場合はカルノー機関に相当する．

原動機が原動機として動作しているときには，$\tilde{I}_{output} > 0$ であり，エントロピー流増大 $\Delta\tilde{S}$ は $\tilde{Q}_H/T_C - \tilde{Q}_H/T_H$ よりも小さいことに注意してほしい．

7.1.3　熱機関の動作原理

ヒートポンプ作用を行う機器がヒートポンプであり，「仕事」を出力する機器が原動機である．しかし，ヒートポンプがヒートポンプ作用を行い，原動機が「仕事」を出力するのはどうしてだろう．つまり，熱機関の動作原理はいったい何だろうか．

前節で明らかになったように，ヒートポンプはヒートポンプ作用を行うことでエントロピー流増大 $\Delta\tilde{S}$ が小さくなり，原動機は「仕事」を出力することでエントロピー流増大 $\Delta\tilde{S}$ が小さくなる．いずれにしても熱機関はエントロ

ピー流増大 $\Delta\tilde{S}$ が小さくなるように動作している．

　エントロピー流増大最小の法則を自然法則として認めよう．そうすれば熱機関の動作原理はエントロピー流増大最小の法則と表現することができる．あるいは，熱機関は与えられた束縛条件のなかでエントロピー流増大が最小になるように振舞う，といってもよい．熱機関はカルノー機関（$\Delta\tilde{S}=0$）に向かって努力するが，現実の束縛条件の下ではカルノー機関は実現できず，エントロピー流増大が有限のところが実現される．

7.2　局所的エントロピー流増大

　熱機関の内部のエントロピー流 $\tilde{S}$ を考える．温度 T のところを通過する熱流 $\tilde{Q}$ は

$$\tilde{Q} = T\tilde{S}$$

である．したがって，局所的なエントロピー流増大 $\mathrm{div}\,\tilde{S}$ は熱流の局所的変化 $\mathrm{div}\,\tilde{Q}$ や温度勾配 ∇T を使って，次のように表現される．

$$T\,\mathrm{div}\,\tilde{S} = \mathrm{div}\,\tilde{Q} - \tilde{S}\nabla T$$

　エネルギー流 $\tilde{H}$ は仕事流 $\tilde{I}$ と熱流 $\tilde{Q}$ との和なので，エネルギー流の局所的変化 $\mathrm{div}\,\tilde{Q}$ は

$$\mathrm{div}\,\tilde{H} = \mathrm{div}\,\tilde{Q} + \mathrm{div}\,\tilde{I}$$

となるが，定常状態では熱力学第一法則により，$\mathrm{div}\,\tilde{H}=0$ である．したがって

$$\mathrm{div}\,\tilde{Q} = -\mathrm{div}\,\tilde{I}$$

である．

　こういうわけで，定常状態にある熱機関の内部では

$$T\,\mathrm{div}\,\tilde{S} = -\mathrm{div}\,\tilde{I} - \tilde{S}\nabla T$$

である．温度は正と約束されているので，エントロピー流増大則により，$T\,\mathrm{div}\,\tilde{S}\geq 0$ である．

　ヒートポンプとして動作しているなら，$\tilde{S}\nabla T\geq 0$ なので，$\mathrm{div}\,\tilde{I}\leq 0$ が必要である．特に $\mathrm{div}\,\tilde{I}$ が一定の場合には $T\,\mathrm{div}\,\tilde{S}$ は $\tilde{S}\nabla T$ の減少関数であり，

$\tilde{S}\nabla T$ が大きいほどエントロピー流増大が小さい．

原動機として動作しているなら，div $\tilde{I} \geq 0$ なので，$\tilde{S}\nabla T \leq 0$ が必要である．$\tilde{S}\nabla T$ が一定の場合には T div $\tilde{S}$ は div $\tilde{I}$ の減少関数であり，div $\tilde{I}$ が大きいほどエントロピー流増大が小さい．

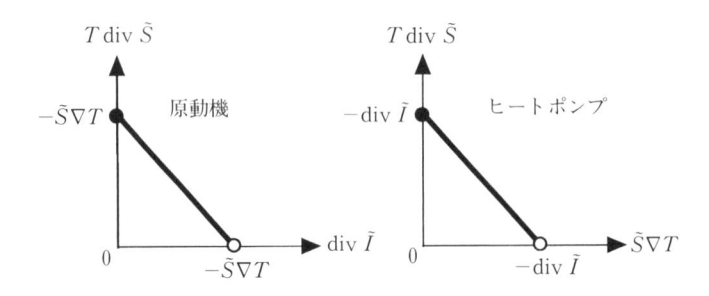

図 7.3 原動機とヒートポンプの局所的エントロピー流増大．原動機では $\tilde{S}\nabla T$ が一定の場合，ヒートポンプでは div $\tilde{I}$ 一定の場合を図示した．

いずれにしても熱機関は T div $\tilde{S}$ が小さくなるように動作している．

第 5 章で議論した div $\tilde{I}$ と $\tilde{S}\nabla T$ の張る平面で考えよう（図 7.4）．局所的エントロピー流増大の等高線は div $\tilde{I} + \tilde{S}\nabla T = 0$ の直線に平行である．図 7.3 に対応する $\tilde{S}\nabla T$ が一定の場合と，div $\tilde{I}$ が一定の場合とをそれぞれ矢印で示した．一般には div $\tilde{I} + \tilde{S}\nabla T = 0$ の直線に向かって近づこうとする．これがエントロピー流増大最小の法則の局所的表現である．

力学の場合（$\tilde{S}\nabla T = 0$）よりも，局所的エントロピー流増大 div $\tilde{S}$ が小さくなるように div $\tilde{I} + \tilde{S}\nabla T = 0$ の直線に向かって変化するとヒートポンプになる．$\tilde{S}\nabla T = 0$ の場合には $T\nabla\tilde{S} = -$ div $\tilde{I}$ だから，散逸された仕事流がすべて局所的エントロピー流増大となるが，$\tilde{S}\nabla T > 0$ となることにより，局所的エントロピー流増大が小さくなる．

単純熱伝導の場合（div $\tilde{I} = 0$）よりも局所的エントロピー流増大 div $\tilde{S}$ が小さくなるように div $\tilde{I} + \tilde{S}\nabla T = 0$ の直線に向かって変化すると原動機になる．div $\tilde{I} = 0$ の場合には T div $\tilde{S} = -\tilde{S}\nabla T$ だから，単純熱伝導によりエントロピー流増大が生じるが，div $\tilde{I} > 0$ となることにより，局所的エントロピー流

7.2 局所的エントロピー流増大

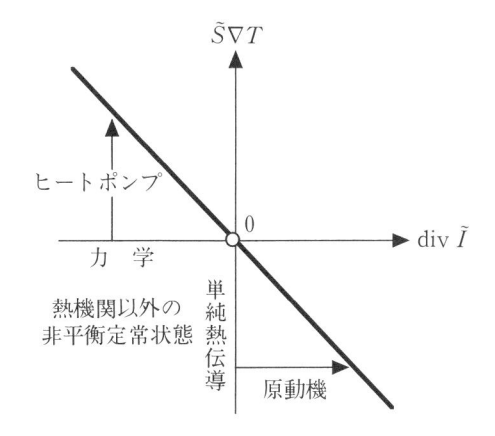

図 7.4 $\mathrm{div}\,\tilde{I}$ と $\tilde{S}\nabla T$ の張る平面．矢印は図 7.3 に対応する $\tilde{S}\nabla T$ が一定の場合と，$\mathrm{div}\,\tilde{I}$ が一定の場合とを示す．第 2 象限と第 3 象限との境界は一様温度での仕事の散逸を考慮する力学に対応し，第 3 象限と第 4 象限との境界は単純熱伝導に相当する．

増大が小さくなる．

　熱機関ではその内部で温度や温度勾配が分布するので，局所的なエントロピー流増大最小の法則をすべての場所で満足することは一般には不可能である．しかし局所的なエントロピー流増大 $\mathrm{div}\,\tilde{S}$ を熱機関の内部で積分したもの

$$\iiint \mathrm{div}\,\tilde{S}\,dV = \iint \tilde{S}\,dA$$

を最小にすることは可能である．ここで体積積分は熱機関の内部での積分を表し，面積分は熱機関の表面での積分を表す．熱機関の表面としては高温熱浴に接している高温面と低温熱浴に接している低温面を想定すればよい．したがって，熱機関から流出するエントロピー流が熱機関に流入するエントロピー流よりもこの積分だけ大きい．この積分を最小にすることは熱機関内部での全エントロピー流増大を最小にすることである．

　局所的エントロピー流増大 $\mathrm{div}\,\tilde{S}$ はエントロピー流の局所的湧き出しでもある．

7.3 発熱量最小の法則

一定温度で仕事の散逸があると発熱する．エネルギー保存則により，仕事流が吸い込まれて熱流が湧き出す．このとき自然は発熱量が最小となるように振舞う．つまり一定温度で仕事の散逸があると，発熱量が最小となるような状態が選ばれる．この経験則を発熱量最小の法則と呼ぶ．この例を以下に列挙してみよう．

7.3.1 動摩擦力

周知のように，物をこすると発熱する．この発熱は摩擦熱と呼ばれている．摩擦熱はこする物とこすられる物との相対速度に依存する．摩擦による単位時間あたりの発熱量（摩擦熱）を $\dot{q}$，相対速度の大きさを u_{rel} とすると，$F \equiv \dot{q}/u_{rel}$ は動摩擦力の大きさである．1699 年にアモントン（G. Amontons）が発見し，1781 年にクーロン（C. Coulomb）が補ったとされる摩擦の法則によれば，動摩擦力 F は相対速度の大きさ u_{rel} に比例する．したがって動摩擦係数 F/u_{rel} は相対速度の大きさ u_{rel} に依存せず，単位時間あたりの発熱量 $\dot{q}$ は u_{rel}^2 に比例する．

通常の説明では摩擦熱は動摩擦力の結果であるが，摩擦熱と動摩擦力とでどちらが原因でどちらが結果とも言い難い．摩擦熱と動摩擦力との間には密接な関係があるとしかいえない．

こする物とこすられる物とが相対運動すると動摩擦力により両者が一体となって動こうとする．両者が一体となって動くなら，摩擦熱はない．しかし，こする物とこすられる物とが相対運動すると，摩擦熱が有限となる．摩擦熱を減らすには相対速度が小さいことが望ましい．相対速度が小さくなるようにしようとする力が動摩擦力である．

したがって，動摩擦力は摩擦による発熱を小さくしようとすることの結果と解釈することができる．すなわち，動摩擦力は発熱量最小の法則の現れである．

7.3 発熱量最小の法則

倒立独楽という玩具がある．この独楽を机上で普通に回すと，上下が反転する．つまり，重心を下にして回したにもかかわらず，しばらくすると重心が上になって回る．コイン状の円盤に孔を空けた物を，指ではじいて机上で回転させてもよい．孔が円盤の中心からずれていると，孔が下になって回転するようになる．やはり重心が上になって回る．

回転している独楽は机との動摩擦で発熱する．動摩擦係数は回転速度に依存しないが，単位時間あたりの発熱量は回転速度が大きいほど大きい．摩擦の法則によれば発熱量は回転速度の2乗に比例する．ところで独楽の回転速度は，重心が上になっているほうが小さい．力学的なエネルギー保存則により，位置エネルギーが増えた分だけ，回転運動の運動エネルギーが小さくなるからである．つまり机との摩擦で発生する単位時間あたりの発熱量が小さい方を独楽は選んでいる．あるいは単位時間あたりの発熱量を小さくするように，独楽の重心を高くするような力が働く．

倒立独楽が倒立するのも発熱量最小の法則の現れである．

7.3.2 アラゴーの回転円盤

アラゴーは後にアラゴーの回転円盤（Arago's rotating disc）と呼ばれるようになった現象を発見した(1824)．銅円盤の上空に方位磁針を置き，銅円盤を回転させると方位磁針が銅円盤の回転方向に回転する現象である．これだけでは，回転円盤とともに運動する空気により方位磁針が運動する可能性があるが，銅円盤と方位磁針との間にガラスを挟んでも同じ結果が得られた．逆に銅円盤の近くで，強い磁石を円盤の円周方向に動かすと銅円盤が回転した．色偏光や回転偏光の発見でも有名なアラゴーはすでに電流による鉄の磁化を発見していた(1820)ので，強力な電磁石を使うことができたはずだ．

現在では強力な永久磁石[注1]が入手できるので，アラゴーの円盤と同じよう

[注1] アルニコ磁石でもよいがサマリウム・コバルト系やネオジム系のほうがよい．フロッピーディスクやビデオテープなどの磁気記録媒体に近づけないように注意しよう．

な現象を家庭でやってみることができる．指先に載せた1円硬貨の近くで強力な永久磁石を動かすと1円硬貨が傾くのが，目に見えるし，指先で感じとることもできる．机上に1円硬貨を立ててその近くで永久磁石を動かすと1円硬貨が永久磁石の運動方向に移動する．表面張力で水面に浮かせた1円硬貨の近くで永久磁石を動かすと，1円硬貨が永久磁石の運動方向に移動する．

　磁石が移動すると，誘導起電力が発生する．このことは1831年にファラデーが発見したのでファラデーの電磁誘導の法則として知られている．

　誘導起電力が発生してもガラスのような絶縁体では電流が流れないが，金属のような導体ではこの誘導起電力により渦電流が流れる．渦電流は，1855年にフーコーが発見したので，フーコー電流とも呼ばれている．渦電流の大きさは誘導起電力の大きさと電気伝導度とに比例するので，電気伝導度の大きいアルミニウムや銅では大きな渦電流が流れる．

　回転している金属円盤に磁石を近づけると，接触しなくても回転速度が下がり，ついには静止する．この際の制動力は金属円盤と磁石との相対速度に比例している．この制動力は相対速度に比例するという意味で動摩擦力と似ている．

　磁石の近くで金属円盤を回転すると，この渦電流のために，金属円盤が発熱する．フーコーは渦電流の方法で「熱の仕事当量」を求めた．渦電流による発熱は，現在では電磁調理器や誘導加熱型の電気炊飯器に使われているので，馴染み深い．

　導体に渦電流が流れると2つの効果が生じる．1つは渦電流により発熱することである．もう1つは渦電流が作る磁場のために渦電流の流れている導体は弱い磁石のようになることである．電流が流れると磁場が発生することは1819年から20年にかけてエールステズにより発見された．

　アラゴーの円盤に働く力を渦電流によって説明しよう．仮に金属円盤が止まったままだとすると，磁石の移動に伴い渦電流が生じる．この渦電流により発生した反磁場（あるいはレンツの法則，1833）により渦電流と磁石との間に斥力が生じ，この斥力でアラゴーの円盤には力が働く．これが第1の説明である．誘導起電力の大きさは導体と磁石との相対速度に比例するので渦電流の大

7.3 発熱量最小の法則

きさも相対速度に比例する．したがって渦電流と磁石との間の斥力も相対速度に比例する．

また金属円盤は渦電流により発熱する（ジュール発熱）．しかし金属円盤が磁石の移動に伴って回転すれば，渦電流が流れないので，渦電流と棒磁石との間の斥力がないだけでなく発熱が避けられる．渦電流による発熱を小さくするように，金属円盤は磁石とともに回転し続ける．これが第2の説明である．渦電流による発熱は渦電流の大きさの2乗に比例する．渦電流の大きさも相対速度に比例するので，渦電流による発熱は相対速度の2乗に比例する．したがって駆動力は相対速度に比例する．

電気抵抗ゼロの円盤を使って実験してみるとこの2つの説明のどちらが正しいかがわかる．超伝導になるような金属を使って実験するとすぐわかるように超伝導転移温度以上では金属円盤は磁石とともに回転するが，超伝導転移温度以下では回転しないか回転力が非常に小さい．したがって第2の説明のほうが正しい．アラゴーの円盤が磁石とともに回転し続けるのは渦電流による発熱を最小にするためである．

金属円盤の電気抵抗が零なら，渦電流が流れても発熱しないので，円盤は動かない．フーコーの実験のように回転している金属円盤に磁石を近づけても，金属円盤の電気抵抗が零なら，回転速度は変わらない．渦電流が流れても発熱しなければ「仕事」の散逸がないことに注意してほしい．

最近では電気掃除機にも使われている籠型回転子誘導モーターもその動作原理はアラゴーの円盤と同じである．この意味でアラゴーの円盤は誘導モーターの発明とも呼ばれている．籠型回転子に流れる渦電流による発熱量を減らそうとして誘導モーターのトルクが発生する．誘導モーターの籠型回転子の電気抵抗が零ならば，渦電流が流れても発熱しないので，誘導モーターは動かない．

家庭用の積算電力計の動作原理もアラゴーの円盤の動作原理と同じである．家庭用の積算電力計ではアルミニウム製の円盤が回転しているのが外から見える．この回転速度が使用電力に比例するように工夫されているので回転数が積算電力に比例する．積算電力計の金属円盤の電気抵抗が零ならば，渦電流が流れても発熱しないので，積算電力計の金属円盤も動かない．

7.3.3 抵抗の並列接続

2つの抵抗を並列接続したものに電流を流す場合にそれぞれの抵抗にどのように電流が分配されるか考えてみよう．2つの抵抗の温度は等しく，一定とする．抵抗 R_1 に流れる電流を J_1，抵抗 R_2 に流れる電流を J_2 とすると，全電流は $J=J_1+J_2$ である（電流の連続性，キルヒホッフの第一法則，1849）．ジュールの法則により，抵抗 R_1 では $R_1J_1^2$ だけ発熱し，抵抗 R_2 では $R_2J_2^2$ だけ発熱する．したがって全発熱量は $R_1J_1^2+R_2J_2^2$ である．全発熱量を全電流 J と抵抗 R_1 に流れる電流 J_1 で書き換えると

$$R_1J_1^2+R_2J_2^2 = R_1J_1^2+R_2(J-J_1)^2$$
$$= (R_1+R_2)J_1^2 - 2R_2JJ_1 + R_2J^2$$

である．すなわち，全電流が一定なら，全発熱量は J_1 の2次式である．したがって

$$J_1 = \frac{R_2}{R_1+R_2}J$$

の場合に全発熱量は最小値

$$\frac{1}{\dfrac{1}{R_1}+\dfrac{1}{R_2}}J^2$$

をとる．

したがって，全発熱量が最小となるときには，それぞれの抵抗には

$$J_1R_1 = J_2R_2$$

となるように電流が分配され，2つの抵抗 R_1 と R_2 の並列抵抗は

$$(R_1^{-1}+R_2^{-1})^{-1}$$

に等しい．この結論は回路論で有名なキルヒホッフの第二法則（1849）による計算結果と一致する．つまり，キルヒホッフの第二法則によっても，全発熱量が最小になるようにそれぞれの抵抗に電流が分配される．

7.3.4 太い導線中の電流分布

太い導線を多数の互いに電気的に絶縁された同じ太さの細い導線の集まりと

7.3 発熱量最小の法則

見なしてみよう．発熱量最小の法則により，それぞれの細い導線には同じ大きさの電流が流れるので，太い導線の電流密度は一様となる．

ところで，同じ向きの電流間には引力が働き，逆向きの電流間には斥力が働く．このことはアンペール力として知られている．

太い導線を1本の導線と見なすと電流分布の議論は難しい．アンペール力だけを考えると電流の流路は細いフィラメント状になり，フィラメントの形状が不安定になるとともにフィラメント状の流路で大きな発熱が生じる．他方，導線の電気抵抗は断面積に反比例するという経験則があるので，常伝導状態では電流密度は一様でなければならない．電流密度が一様になるのは発熱量最小の法則により電流分布を決めようとする力がアンペール力よりも大きいのだろう．

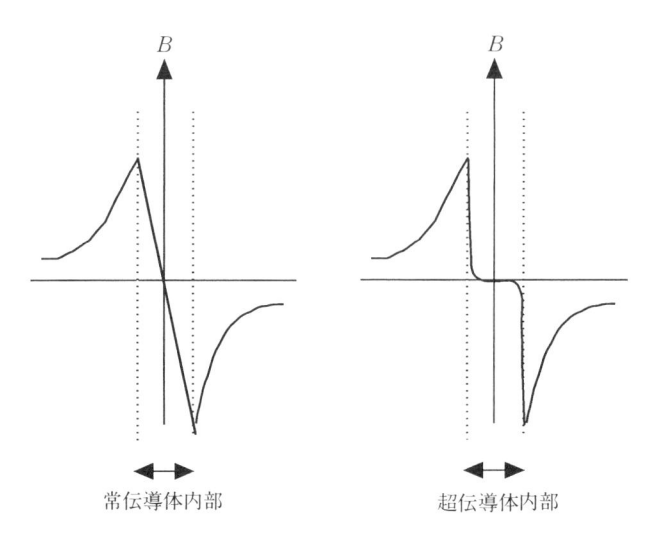

図 7.5　電流が流れている導体の内外の磁場分布．

電磁気学で周知のように電流密度が有限のところでは電流に伴う磁場は一様ではない．導体の内外の磁場分布は図 7.5 のようになり，導体中の磁場分布は電流密度の分布に依存する．1本の太い導線が常伝導状態にあるなら電流密度が一様で，磁場分布は図 7.5 の左図のようになる．導線の外の磁場分布は導線

が常伝導状態でも超伝導状態でも同じだが，導体中の磁場分布は異なる．

1本の太い導線が超伝導状態にあるなら，電流はその表面付近のみ流れる．超伝導体状態では超伝導体内部に磁束が入れない（マイスナー効果）からである．このような表面電流が超伝導電流であり，臨界電流以下では発熱しない．臨界電流以上では磁束が導線内部に侵入するとともに発熱する．

実用に供されている超伝導線は常伝導体の中に細い超伝導線が多数入っていてそれぞれの細い超伝導線は常伝導体で囲まれている．このために超伝導線が超伝導状態になったときには超伝導状態の表面積が大きく，大電流を流すことができる．このような超伝導線で周囲の常伝導体中に電流が流れることがないのは，常伝導体に電流が流れると発熱するからである．発熱量が最小になるように細い超伝導線の表面付近にのみ電流が流れる．

上に挙げた例では，発熱量は単位時間あたりの仕事の散逸に等しい．動摩擦力の場合には力学的エネルギーの散逸であり，第2の例（アラゴーの円盤）の場合には電磁気的エネルギーの散逸である．どちらも単位時間あたりの「仕事」の散逸が最小になるように力が働く．第3の例（抵抗の並列接続や導体中の電流密度の分布）の場合には電磁気的エネルギーの散逸が最小になるように電流が分配される．このように視点を変えると，身の回りには意外なところに熱力学現象があり，発熱量最小の法則に従っていることがわかる．

7.4 エントロピー流の湧き出し最小の法則

一定温度で発熱することはエントロピー流の湧き出しがあることである．したがって一定温度での発熱量最小の法則という経験則は，エントロピー流の湧き出し最小の法則を意味する．

エントロピー流の湧き出し

$$\mathrm{div}\,\tilde{S} = -\frac{\mathrm{div}\,\tilde{I}}{T} - \frac{\tilde{S}\nabla T}{T}$$

を調べよう．エントロピー流増大則により，エントロピー流の湧き出しは有限

7.4 エントロピー流の湧き出し最小の法則

である．

　一定温度での発熱は，温度勾配 ∇T が無限小の極限と考えることができる．このためには例えば熱伝導度が無限に大きい物体を想定すればよい．したがって，この極限では，エントロピー流増大量あるいはエントロピー流の湧き出し $\mathrm{div}\,\tilde{S}$ は「仕事」の散逸量 $-\mathrm{div}\,\tilde{I}$ あるいは熱流の湧き出し量 $\mathrm{div}\,\tilde{Q}$ に比例し，温度に反比例する：

$$\mathrm{div}\,\tilde{S} = -\frac{\mathrm{div}\,\tilde{I}}{T}$$

したがって，温度が高いほどエントロピー流の湧き出しは小さい．

　次に物体の温度 T が一様のままで温度が変化する場合を考えよう．例えば電球のフィラメントに電流が流れている場合を考えると，周知のように，フィラメントの温度が上昇する．フィラメントの温度が上昇するとジュール発熱によるエントロピー流の湧き出しが小さくなる．こういうわけで，エントロピー流の湧き出しが小さくなるようにフィラメントの温度が上昇するということができる．

　しかし，エントロピー流の湧き出し最小の法則だけではフィラメントの温度は無限に高くなる．したがって，現実にはフィラメントの温度が有限にとどまることを，エントロピー流の湧き出し最小の法則だけでは説明できないように見える．

　ここまでの議論にはフィラメントで湧き出したエントロピー流がどこへどのような形で移動するのかが抜けている．エントロピー流の流路として直ちに思いつくのはフィラメントへの導線やフィラメントの支えなど熱伝導によるものである．通常のガス入り電球ではガスの熱伝導もある．熱伝導によるエントロピー流はエントロピー流の湧き出しを伴い，これはフィラメントの温度が高いと大きくなる．したがって，熱伝導によるエントロピー流の湧き出しも考慮する必要がある．

　フィラメントの温度が上昇すると，放射の形で電磁波を放出する．このことはフィラメントが光り輝くのが目に見えることから明らかだろう．高温の物体から出る電磁放射はエントロピー流を伴う．これは熱伝導によるエントロピー

流よりも本質的である．

　一般に，平衡状態ではエントロピー流もエントロピー流の湧き出しもない．したがって平衡状態ではエントロピー流増大は零である．非平衡状態にある孤立系は平衡状態へ移行するというのも経験事実である．非平衡状態では孤立系の内部に有限のエントロピー流があり，熱力学第二法則によりエントロピー流増大があるが，孤立系はエントロピー流増大が小さくなるように変化し最終的にはエントロピー流もエントロピー流増大もない平衡状態に落ち着く．このように考えると非平衡状態にある孤立系が平衡状態へ移行する場合にもエントロピー流増大最小の法則が成り立っている．

7.5　ルシャトゥリエ-ブラウンの法則

　ルシャトゥリエ（H. L. Le Chatelier, 1850-1936）は「外部的作用により物体と環境との平衡が強制的に破られると，この外部的作用の効果を弱めるような過程を促進する」(1884)と主張した．ファントホッフ（J. H. van't Hoff）による温度が平衡の移動に与える影響についての研究，電磁気学のレンツの法則，カルノーの定理などから着想したとされ，ルシャトゥリエは「作用に対する反作用の対抗の法則」と呼んだ．この法則はルシャトゥリエの法則と呼ばれているが，ブラウン（K. F. Braun）も同様のことを主張した(1887)ので，ルシャトゥリエ-ブラウンの法則と呼ばれている．1887年は希薄溶液についての浸透圧がファントホッフにより定式化され，物理化学という言葉が現れた年でもある．

　ルシャトゥリエ-ブラウンの法則が提唱された時代はギブズの平衡系の熱力学が米国からヨーロッパ大陸にもたらされた時代である．ギブズ論文はオストヴァルトの独訳(1891)とルシャトゥリエの仏訳(1899)を通して，西欧に広まった．このためか，非平衡系の熱力学と平衡系の熱力学とが混在し曖昧模糊としている時代でもある．

　ルシャトゥリエ-ブラウンの法則は抽象的でつかみ所がない．「外部的作用により物体と環境との平衡が強制的に破られる」と全系は非平衡状態になるので

エントロピー流が有限となり，エントロピー流増大も有限になる．「この外部的作用の効果」をエントロピー流増大と読み替えるなら，「この外部的作用の効果を弱めるような過程を促進する」とは「エントロピー流増大が小さくなるように自然が振舞う」ことを意味する．

こういうわけで，ルシャトゥリエ-ブラウンの法則もエントロピー流増大最小の法則と理解したい．

7.6　ま　と　め

定常的な熱機関はエントロピー流増大最小の法則に従っている．

作業物質が周期的に運動する熱機関でも，1周期にわたる時間平均でエントロピー流や仕事流を定義すると，エントロピー流増大最小の法則に従っている．

熱機関以外でも発熱量最小の法則あるいはエントロピー流湧き出し最小の法則に従っている．エントロピー流湧き出しは局所的エントロピー流増大にほかならない．

非平衡状態にある孤立系が平衡状態へ移行する場合にもエントロピー流増大最小の法則が成り立っている．

すべてをまとめてエントロピー流増大最小の法則と呼ぶことにする．エントロピー流増大最小の法則も熱力学第一法則や熱力学第二法則（エントロピー流増大則）とならぶ重要な経験則だが，いまだに市民権が得られていない．ある程度の市民権が得られているのは，ルシャトゥリエ-ブラウンの法則である．

第8章
エントロピーとエントロピー増大則

新しい状態量としてエントロピーを導入することにより，熱力学第一法則の出現とともに現れた3番目の問題が解決され，新しい経験則としてエントロピー増大則が登場する．

8.1 はじめに

熱力学第一法則の確立とともに次の3つの問題が出現した(第2章)．
1. 熱流と仕事流とをどのように区別したらよいのか．
2. 熱流と仕事流との間の変換に現れる非対称性をどのように表現したらよいのか．
3. 温度に対応する示量性状態量は存在するのか．存在するならそれは何か．

第2の問題はエントロピー流増大則として表現され，その数式表現はクラウジウスの不等式あるいはエントロピー流増大則となった(第3〜5章)．第1の問題は熱流の替わりにエントロピー流を基本概念とすることで問題ではなくなった(第5章)．

しかし第3の問題は未解決のまま残されている．この章では，クラウジウスに倣って，温度に対応する示量性状態量を導入し，この新しい示量性状態量にどのような性質があるかを調べる．

8.2 新しい示量性状態量：エントロピー

熱力学的温度が明確に定義され，クラウジウスの不等式が出現した1854年

は，現代から見ると，状態量としてのエントロピー導入の一歩手前に見えるが，実際にはこの一歩のためになんと 11 年の歳月が必要だった．この 11 年の間にトムソンは熱電気現象の研究 (1854, 1856) とジュール-トムソン効果による気体温度計の校正 (1862) を行った．またクラウジウスは気体分子運動論に平均自由行程の概念を導入し (1858)，気体分子運動論の立場から気体の熱力学を議論している (1862)．

熱機関の作業物体は 1 周期後に完全に元の平衡状態に戻るので，作業物体は熱機関としての動作を実現する反応の触媒にすぎない．このために熱機関の研究では作業物体に着目する必要がなかった．しかしクラウジウスは，視点を熱機関の作業物体に移し，作業物体についての熱力学的議論に着手した．

作業物体の状態が 1 周期後に完全に元の平衡状態に戻ることの数式表現は，作業物体の状態量を X とすると

$$\oint dX = 0 \tag{8.1}$$

である．つまり作業物体の状態量の変化を 1 周期にわたり積分した量が零である．状態量 X の例としては作業物体のエネルギー U のような示量性状態量だけでなく，圧力 p，温度 T などの示強性状態量でも差し支えない．ここにもカルノーが発明したサイクル概念が使われていることに注意してほしい．

クラウジウスが熱機関を議論してクラウジウスの不等式（あるいはエントロピー流増大則）に到達した第 3 章の議論を復習しよう．まず，熱流を $\tilde{Q}^{ideal}$ と無駄な熱流 $\tilde{q}$ とに分けて考えた．したがって，エントロピー流（あるいは「変換の当量」）はその理想部分

$$\tilde{S}^{ideal} = \frac{\tilde{Q}^{ideal}}{T}$$

と無駄なエントロピー流

$$\tilde{s} = \frac{\tilde{q}}{T}$$

との和

$$\tilde{S} = \tilde{S}^{ideal} + \tilde{s}$$

である．$\tilde{S}^{ideal}$ は理想熱機関のエントロピー流なので，

8.2 新しい示量性状態量：エントロピー

$$\text{div}\,\tilde{S}^{ideal} = 0$$

であり，無駄なエントロピー流 $\tilde{s}$ が有限なら，

$$\text{div}\,\tilde{s} > 0$$

である．したがって，一般的には

$$\text{div}\,\tilde{S} = \text{div}\,\tilde{s} \geq 0$$

である．この際のエントロピー流（あるいは「変換の当量」）は時刻に依存しない定常エントロピー流だった．

ところで，熱力学第一法則が確立されたときには，熱流と仕事流との和としてのエネルギー流を認識することから始めて，状態量としてのエネルギーを導入した．この際に力学で確立していたエネルギー保存則との類推が役立ち，局所的エネルギー生成は 0 とした．

エネルギー流を想定することで状態量としてのエネルギー U が導入できたことに倣って，ここでは時刻に依存するエントロピー流を想定しよう．つまり

$$\tilde{S} = \tilde{S}^{ideal} + \tilde{s}$$

であるが，$\tilde{S}^{ideal}$ と $\tilde{s}$ とは一般には時刻に依存すると考える．時刻に依存するエントロピー流はこれまでの定常エントロピー流の形式的拡張である．

エントロピー流の時間平均

$$\langle \tilde{S} \rangle_t = \langle \tilde{S}^{ideal} \rangle_t + \langle \tilde{s} \rangle_t$$

に着目しよう．周期的現象では時間平均は時刻によらないのでクラウジウスの議論が成り立ち

$$\text{div}\,\langle \tilde{S}^{ideal} \rangle_t = 0$$
$$\text{div}\,\langle \tilde{S} \rangle_t = \text{div}\,\langle \tilde{s} \rangle_t \geq 0$$

となる．周期的現象では

$$\langle \tilde{S}^{ideal} \rangle_t = \oint \tilde{S}^{ideal} dt$$

なので，$\text{div}\,\langle \tilde{S}^{ideal} \rangle_t = 0$ は

$$\text{div} \oint \tilde{S}^{ideal} dt = 0$$

すなわち

第8章 エントロピーとエントロピー増大則

$$\oint \mathrm{div}\,\tilde{S}^{ideal} dt = 0 \tag{8.2}$$

と同じである．

移動量を不変な実体の移動として解釈しがちな西洋思想では，エントロピー流も未知の不変な実体の移動として解釈せずにはすまされない．エントロピー流に対応する不変な実体があるとするなら，エントロピー流に対応する示量性状態量が存在するに相違ない．クラウジウスはエントロピー流の理想部分 $\tilde{S}^{ideal}$ に対応する示量性状態量 S を想定した．このことの数式表現は

$$\frac{\partial S}{\partial t} + \mathrm{div}\,\tilde{S}^{ideal} = 0 \tag{8.3}$$

である．周期的現象では(8.3)を1周期に渡り積分し，(8.2)を考慮すると

$$\oint dS = 0$$

となる．これは(8.1)と同じ形をしているので，この未知の量 S は作業物体の示量性状態量である．

こうしてカルノーに始まる熱機関の議論はついに新しい示量性状態量をもたらした．クラウジウスはこの新しい示量性状態量 S をエントロピーと命名した(1865)．エントロピーはクラウジウスの造語であり，変換を意味するギリシャ語（$\eta\ \tau\rho o\pi\eta$）に由来する．「熱」と「仕事」の「変換」を議論し「変換の当量」の法則を通してクラウジウスの不等式にたどり着いたクラウジウスにとって「変換」こそ本質的だったのだろう．

つまりクラウジウスが導入したエントロピーは時刻に依存するエントロピー流（あるいは「変換の当量」）の理想部分に対応する示量性状態量である．こうして導入されたエントロピー S とエントロピー流の理想部分 $\tilde{S}^{ideal}$ との関係は(8.3)である．この表現では S は単位体積あたりのエントロピーである．

クラウジウスが熱力学第二法則を提唱してから，新しい示量性状態量にたどり着き，この示量性状態量にエントロピーという呼称を与えるまでに，15年の歳月を費やした．新しい概念を新しい概念と認知することはクラウジウスにとっても困難なことだったのだろう．「熱素」を完全に否定した時代にあっては，エントロピーを「熱素」概念の改訂版とすることもできない．なお cgs 単

位系のエントロピー単位である erg/K をクラウジウス（clausius）と呼んだ時代もあったが，mks 単位系が主流の現代ではエントロピー単位に特別な名称がなく J/K が使われている．

8.3 平衡状態と準静的変化

　平衡状態では熱流がないのでエントロピー流もない．平衡状態では温度や圧力のような示強性状態量は一様である（熱力学第零法則）．

　着目している物体それ自身は常に平衡状態にあるような変化を準静的変化という．物体の示強性状態量を一様に保ちながら物体の状態を変化させるには，現実問題として非常にゆっくりと変化させるしかない．このために準静的変化という言葉が使われる．

　熱機関の作業物体が準静的に変化する場合を考えよう．ここでは示量性状態量は単位質量あたりの量とする．単位質量の作業物体は，$T\dfrac{dS}{dt}$ だけの「熱」を吸収し，$p\dfrac{dV}{dt}$ だけの「仕事」を放出するので，単位質量の作業物体のエネルギー変化は，エネルギー保存則により

$$\frac{dU}{dt} = T\frac{dS}{dt} - p\frac{dV}{dt} \tag{8.5}$$

である．

　(8.5)は作業物体の準静的変化についての熱力学第一法則を表し，温度に対応する示量性状態量がエントロピー S であることを明確に表現している．こうして熱力学第一法則が確立されるとともに現れた3つの問題の三番目「温度に共軛な示量性状態量は存在するのか，存在するとすればそれは何なのか」がクラウジウスにより解決された．温度に共軛な示量性状態量が存在し，それはエントロピーである．

　物体のエネルギーが状態量であることの数式表現

$$\oint dU = 0$$

に，(8.5)を代入すると，

$$\oint T\,dS = \oint p\,dV \tag{8.6}$$

である．右辺は作業物体が1周期の間に外界に対して行った「仕事」であり，左辺は作業物体が1周期の間に吸収した「熱」である．幾何学的には T-S 線図の囲む面積が p-V 線図の囲む面積に等しいことを意味する．p-V 線図の囲む面積は J. ワットの図示仕事にほかならない．したがって，(8.6)は準静的に運動している熱機関の作業物体が1周期の間に行う「熱」から「仕事」へのエネルギー変換を表す．

温度 T で相転移する際の潜熱 L は，単位質量あたりのエントロピーの2相での差を ΔS として

$$L = T\Delta S \tag{8.7}$$

である．これが潜熱のエントロピーによる解釈である．

物体が吸収する「熱」は $T\,dS$ だから定積熱容量 C_V と定圧熱容量 C_p は

$$\begin{aligned} C_V &= T\left(\frac{\partial S}{\partial T}\right)_V \\ C_p &= T\left(\frac{\partial S}{\partial T}\right)_p \end{aligned} \tag{8.8}$$

である．これが熱容量のエントロピーによる解釈である．

こうして，潜熱と熱容量はエントロピーにより表現されるようになった．18世紀にブラックが導入した潜熱と熱容量という2つの概念が1世紀後にエントロピーという1つの概念で理解できるようになった．このことは偉大な進歩である．

以上の議論は，作業物体それ自身は常に平衡状態にあり示強性状態量が一様であることが仮定されている．断熱変化とはそもそも「熱」の出入りのない変化であり，「熱」の出入りのない変化は作業物体のエントロピーが変化しない等エントロピー変化 ($dS=0$) であると考えてよいのは，作業物体が常に平衡状態にある場合に限られる．初期の力学が物体の構造を無視して質点を考えたように，作業物体の構造を無視して，示強性状態量が一様な場合を議論していることに注意してほしい．一般の断熱変化は等エントロピー変化とは限らない

が，等エントロピー変化もしばしば断熱変化と呼ばれるので注意する必要がある．

エントロピーは状態量なので，例えば温度と体積を独立変数に選ぶと，平衡状態のエントロピー S は温度 T と体積 V だけで決まり，温度 T，体積 V の状態にどのようにしてたどり着いたかには依存しない．準静的変化では温度と体積がそれぞれ微小量 ΔT, ΔV だけ変化すると，エントロピー変化 ΔS は 2 次までの精度で

$$\Delta S = \left[\left(\frac{\partial S}{\partial T}\right)_V \Delta T + \frac{1}{2}\left(\frac{\partial^2 S}{\partial T^2}\right)_V (\Delta T)^2\right] + \left[\left(\frac{\partial S}{\partial V}\right)_T \Delta V + \frac{1}{2}\left(\frac{\partial^2 S}{\partial V^2}\right)_T (\Delta V)^2\right]$$
$$+ \frac{1}{2}\left[\frac{\partial^2 S}{\partial V \partial T}\Delta T \Delta V + \frac{\partial^2 S}{\partial T \partial V}\Delta V \Delta T\right]$$

である．右辺第 1 項は体積一定で温度だけが変化することによるエントロピー変化であり，第 2 項は温度一定で体積だけが変化することによるエントロピー変化である．温度と体積とがともに変化すると第 3 項も存在する．

エントロピーは状態量なので準静的変化では温度変化と体積変化の順番によらない．したがって

$$\frac{\partial^2 S}{\partial T \partial V} = \frac{\partial^2 S}{\partial V \partial T} \tag{8.9}$$

である．

平衡状態のエネルギーも状態量なので，例えば温度と体積を独立変数に選ぶと，

$$\frac{\partial^2 U}{\partial T \partial V} = \frac{\partial^2 U}{\partial V \partial T} \tag{8.10}$$

である．

(8.9) や (8.10) はエントロピーやエネルギーが状態量であることの別の表現である．

8.4　第一種理想気体のエントロピー

平衡状態のエネルギーが温度のみに依存し，体積によらないような気体を第

二種理想気体と呼ぶ．第一種理想気体は，ゲイ・リュサックの法則に従う仮想的理想気体であり，第二種理想気体とは異なる概念である．

しかし，第一種理想気体は第二種理想気体である．このことを証明するにはエントロピーとエネルギーとが状態量であることを使う．

まず準静的変化では

$$dU = \left(\frac{\partial U}{\partial T}\right)_V dT + \left(\frac{\partial U}{\partial V}\right)_T dV$$

だから，

$$dS = \frac{1}{T}dU + \frac{p}{T}dV$$

は

$$dS = \frac{1}{T}\left(\frac{\partial U}{\partial T}\right)_V dT + \left[\frac{1}{T}\left(\frac{\partial U}{\partial V}\right)_T + \frac{p}{T}\right]dV$$

となる．つまり

$$\left(\frac{\partial S}{\partial T}\right)_V = \frac{1}{T}\left(\frac{\partial U}{\partial T}\right)_V$$

$$\left(\frac{\partial S}{\partial V}\right)_T = \frac{1}{T}\left(\frac{\partial U}{\partial V}\right)_T + \frac{p}{T}$$

となる．したがって(8.9)は

$$\frac{\partial}{\partial T}\left[\frac{1}{T}\left(\frac{\partial U}{\partial V}\right)_T + \frac{p}{T}\right] = \frac{\partial}{\partial V}\left[\frac{1}{T}\left(\frac{\partial U}{\partial T}\right)_V\right]$$

となる．すなわち

$$-\frac{1}{T^2}\left(\frac{\partial U}{\partial V}\right)_T + \frac{1}{T}\frac{\partial^2 U}{\partial T \partial V} + \frac{\partial}{\partial T}\left(\frac{p}{T}\right) = \frac{1}{T}\frac{\partial^2 U}{\partial V \partial T}$$

となる．ここで(8.10)を使うと，

$$\left(\frac{\partial U}{\partial V}\right)_T = T^2\left(\frac{\partial p/T}{\partial T}\right)_V$$

となる．

第一種理想気体では，右辺が零となるので，エネルギーは体積に依存しない．したがって定積熱容量も体積に依存しない．すなわち第一種理想気体は第二種理想気体である．

8.4 第一種理想気体のエントロピー

しかし第二種理想気体は第一種理想気体とは限らない．第一種理想気体ではなくても p/T が体積だけの関数なら，そのエネルギーは体積に依存しないからである．

物体を第一種理想気体として，理想気体の状態方程式 $pV=RT$ を使うと，$p/T=R/V$ だから

$$dS = \frac{C_V}{T}dT + \frac{p}{T}dV$$

は

$$dS = C_V\frac{dT}{T} + R\frac{dV}{V} \tag{8.11}$$

となる．これは第一種理想気体のエントロピー変化を温度変化と体積変化とで表したものである．

再び理想気体の状態方程式を使って温度変化を圧力変化と体積変化とで表すと

$$\frac{dT}{T} = \frac{dp}{p} + \frac{dV}{V}$$

となるので，理想気体のエントロピー変化を圧力変化と体積変化とで表すと

$$dS = C_V\frac{dp}{p} + C_p\frac{dV}{V} \tag{8.12}$$

となる．ここで，$C_p = C_V + R$ は第一種理想気体の定圧熱容量である．

したがって第一種理想気体のエントロピーが不変であるような変化（等エントロピー変化）では pV^{C_p/C_V} は一定である．ポアソンの断熱方程式 $pV^\gamma =$ const. は第一種理想気体の等エントロピー変化での方程式であり，

$$\gamma = \frac{C_p}{C_V}$$

であることをも意味する．ポアソンの断熱方程式 $pV^\gamma =$ const. に基づいて γ を測定することは難しいが，より簡単な定積熱容量と定圧熱容量との測定から γ を推定することができる．

第一種理想気体のエントロピー変化を温度変化と圧力変化とで表すと

$$dS = C_p\frac{dT}{T} - R\frac{dP}{p} = C_p\left[\frac{dT}{T} - \left(1-\frac{1}{\gamma}\right)\frac{dp}{p}\right] \tag{8.13}$$

である．したがって第一種理想気体の断熱可逆（等エントロピー）変化では
$$\left(\frac{\partial T}{\partial p}\right)_S = \left(1 - \frac{1}{\gamma}\right)\frac{T}{p}$$
となる．

第一種理想気体のエントロピーを調べるには，(8.11)，(8.12)，(8.13)を積分すればよい．第一種理想気体は第二種理想気体なので，基準状態の圧力，温度，体積を p_0, T_0, V_0 として
$$S(p, T) = C_V \log\left(\frac{p}{p_0}\right) + C_p \log\left(\frac{V}{V_0}\right) + S(p_0, V_0) \tag{8.14}$$
となる．これは(8.12)を積分したものである．(8.11)を積分すると
$$S(T, V) = C_V \log\left(\frac{T}{T_0}\right) + R \log\left(\frac{V}{V_0}\right) + S(T_0, V_0) \tag{8.15}$$
となり，(8.13)を積分すると
$$S(T, p) = C_V \log\left(\frac{T}{T_0}\right) + R \log\left(\frac{p}{p_0}\right) + S(T_0, p_0) \tag{8.16}$$
となる．いずれにしても，基準状態のエントロピーの値はわからない．わかるのは基準状態からの変化だけである．

8.5 エントロピー増大則

新たに導入されたエントロピーを孤立系に適用することによりエントロピー増大則という新しい経験則が発見された．エントロピー増大則もクラウジウスが1865年に報告した経験則である．エントロピー増大則の例を挙げよう．

例1　定常熱伝導

温度の異なる2つの熱源の間を棒でつなぎ，充分に時間が経つと，棒については定常状態になる．定常熱伝導現象では，棒については状態量もエントロピー流も時刻によらない定常状態であるが，熱源のエントロピーは時刻に依存する．高温熱源については，温度を T_H，エントロピーの時間変化を $\partial S_H/\partial t$ とすると

8.5 エントロピー増大則

$$\frac{\partial S_H}{\partial t} \leq 0$$

である．低温熱源については，温度を T_C，エントロピーの時間変化を $\partial S_C/\partial t$ とすると，

$$\frac{\partial S_C}{\partial t} \geq 0$$

である．

エネルギー保存則により

$$T_H \frac{\partial S_H}{\partial t} + T_C \frac{\partial S_C}{\partial t} = 0$$

である．したがって，熱源の全エントロピー $S_{total} = S_C + S_H$ の時間変化は

$$\frac{\partial S_H}{\partial t} + \frac{\partial S_C}{\partial t} = \left(1 - \frac{T_C}{T_H}\right)\frac{\partial S_C}{\partial t}$$

となり，熱源の全エントロピーは増大し続ける．棒と熱源とを合わせた系を孤立系と見なせば，定常熱伝導では孤立系の全エントロピーは増大し続ける．

例 2　周期的熱機関の定常運転

作業物体の準静的等温変化では作業物体の温度と外界の温度とが異なる場合がある．外界の温度を T' として

$$T'_H = T_H + \Delta T_H$$
$$T'_C = T_C - \Delta T_C$$

とする．外界も準静的に変化するなら，エネルギー保存則により

$$T'_H \Delta S'_H + T_H \Delta S_H = 0$$
$$T'_C \Delta S'_C + T_C \Delta S_C = 0$$

である．すなわち

$$\Delta S_H = -\frac{T'_H}{T_H}\Delta S'_H = -\left(1 + \frac{\Delta T_H}{T_H}\right)\Delta S'_H$$

$$\Delta S_C = -\frac{T'_C}{T_C}\Delta S'_C = -\left(1 - \frac{\Delta T_C}{T_C}\right)\Delta S'_C$$

である．

作業物体が理想サイクルを行うとすると $\Delta S_H + \Delta S_C = 0$ なので，外界の全エ

ントロピー変化は

$$\Delta S'_H + \Delta S'_C = -\frac{\Delta T_C}{T_C}\Delta S'_C + \frac{\Delta T_H}{T_H}\Delta S'_H$$

$$= -\frac{\Delta T_C}{T'_C}\Delta S_C + \frac{\Delta T_H}{T'_H}\Delta S_H$$

$$= -\left(\frac{\Delta T_C}{T'_C} + \frac{\Delta T_H}{T'_H}\right)\Delta S_C$$

である．したがって，外界と作業物体との温度差がなければ，外界の全エントロピーも変化しない．しかし，温度差があると，外界の全エントロピー変化が有限となる．順サイクルでは $\Delta T_C, \Delta T_H \geq 0, \Delta S_H > 0$ なので外界の全エントロピーが増え，逆サイクルでは $\Delta T_C, \Delta T_H \leq 0, \Delta S_H < 0$ なので外界の全エントロピーが増える．

作業物体と外界とからなる系を孤立系と見なすと，熱機関の定常状態では孤立系の全エントロピーは増大し続ける．

例 3　第一種理想気体の混合

2 種類の気体 A, B の混合を考えよう．簡単のために，気体は第一種理想気体であって，混合気体には分圧の法則が成り立つとする．2 つの同じ体積の容器があり，片方には気体 A が入っていて，他方には気体 B が入っている．両者の圧力と温度は等しい．この状態を初期状態とする．次にこの 2 つの容器を細い管でつなぐと，2 種類の気体 A, B は混じり合い最終的には一様に混ざるだろう．一様に混ざった状態を終状態とする．初期状態と終状態とをくらべると，全圧力も温度も変わらないだろう．全体積も不変なので温度不変なら全圧力も変わらない．しかしそれぞれの気体に着目すると，温度不変なら体積が 2 倍になるとともに分圧は半分になっている．圧力と体積で表したそれぞれの気体のエントロピーは

$$C_V \log\left(\frac{1}{2}\right) + C_p \log 2 = (C_p - C_V)\log 2 = R\log 2$$

だけ増え，全体では $2R\log 2$ だけ増えている．温度不変なら，それぞれの気体の体積が 2 倍になると，温度と体積で表したそれぞれの気体のエントロピー

8.5 エントロピー増大則

が $R \log 2$ だけ増すためである.これは物質が拡散して平衡状態になるまでにエントロピーが増す例である.

この問題では,温度変化がないとして議論した.第一種理想気体は第二種理想気体でもあり,そのエネルギーは温度のみに依存するので,孤立系では温度変化はない.このために第一種理想気体からなる孤立系を想定しただけで温度変化がないことが含まれている.

例 4　第一種理想気体の断熱自由膨張

次に,気体の混合で考えた状況を少し変えて,片方の容器は始めに真空だとする.2つの容器を細い管でつなぐと,非平衡状態になり,最終的平衡状態では,気体の体積が2倍になるが,温度不変なので圧力が半分になる.このためにエントロピーは $R \log 2$ だけ増加する.これは気体が真空中へ自由膨張して平衡状態になるまでにエントロピーが増える例である.

例 5　異なる温度の棒の接触

熱容量が等しい2本の金属棒を想定する.簡単のために棒の熱容量 C は温度によらないとする.はじめに2本の棒の温度は異なるとし,棒1の温度を T_C,棒2の温度を T_H とする.2本の棒を接触して放置すると同じ最終温度 T_f になるだろう.熱力学第一法則

$$(T_H - T_f)C + (T_C - T_f)C = 0$$

により

$$T_f = \frac{T_H + T_C}{2}$$

となる.棒1のエントロピー変化は

$$\Delta S_1 = \int_{T_C}^{T_f} \frac{C}{T} dT = C \log \frac{T_f}{T_C} = C \log \frac{\frac{T_H}{T_C} + 1}{2} \geq 0$$

であり,棒2のエントロピー変化は

$$\Delta S_2 = \int_{T_H}^{T_f} \frac{C}{T} dT = C \log \frac{T_f}{T_H} = C \log \frac{1 + \frac{T_C}{T_H}}{2} < 0$$

である．したがって，全体としてのエントロピー変化は

$$\Delta S_1 + \Delta S_2 = C \left(\log \frac{\frac{T_H}{T_C} + 1}{2} + \log \frac{1 + \frac{T_C}{T_H}}{2} \right)$$

$$= C \log \left(\frac{\frac{T_H}{T_C} + 1}{2} \frac{1 + \frac{T_C}{T_H}}{2} \right)$$

となる．

$$\left(\frac{T_H}{T_C} + 1 \right)\left(1 + \frac{T_C}{T_H} \right) = 2 + \frac{T_H}{T_C} + \frac{T_C}{T_H} > 4$$

に注意すると

$$\Delta S_1 + \Delta S_2 > 0$$

である．つまり異なる温度の棒を接触させると，一様温度になるがエントロピーが増えている．

　定常熱伝導の例では棒は定常状態であって，棒の状態量は時刻に依存しない．したがって棒のエントロピーも時刻に依存しない．しかし，外界のエントロピーは増大し続けている．熱機関の定常運転の例では，作業物質は1サイクルで時間平均して考えると定常状態であって，作業物質のエントロピーは変化しないが，外界のエントロピーは増大し続けている．定常熱伝導と原動機の定常運転では，高温熱源のエントロピーが減少しているが低温熱源のエントロピーが増大し，低温熱源のエントロピー増大の方が高温熱源のエントロピー減少よりも大きい．ヒートポンプの定常運転では，高温熱源のエントロピーが増大し低温熱源のエントロピーが減少しているが，高温熱源のエントロピー増大の方が低温熱源のエントロピー減少よりも大きい．
　気体の混合や断熱自由膨張と異なる温度の棒の接触では，初期の非平衡状態から最終的平衡状態に変化する際に全エントロピーが増大する．平衡状態では

8.5 エントロピー増大則

エントロピー増大がない．より一般的に孤立系が非平衡状態から平衡状態に向かうさいには孤立系の全エントロピー S_{total} が増す．

こうして，自然界に生じる変化では孤立系の全エントロピー S_{total} が減少することはないという経験則が発見された．たとえ着目している系のエントロピーが変化しなくても，外界のエントロピーが増えている．この経験則をエントロピー増大則と呼ぶ．

エントロピー増大則と熱力学第一法則とを合わせて，クラウジウスは「宇宙のエネルギーは一定であり，宇宙のエントロピーは最大値に向かう」と表現した．仮に宇宙が孤立系だとしたらクラウジウスの言明は正しいだろう．しかし宇宙を孤立系としてよいかどうかは別の問題である．

状態量としてのエントロピーとエントロピー増大則とが発見されたのはともに 1865 年のことである．同じ年にマクスウェルの「電磁場の動力学的理論」が発表された．1865 年は電磁気学と熱力学という二大現象論にとって記念すべき年である．

エントロピー増大則により時間に方向概念が登場した．これは画期的なことである．エントロピー増大則は，孤立系に対する時間経過の方向を与える法則と見なすことができるので，「時間の矢」(A. エディントン) を表すとも解釈される．

自然科学が対象とする世界ではエントロピー増大則が成り立ち，時間の方向は過去から未来へ向かう．もしもあの世があるなら，そこでは孤立系のエントロピーが減少するか，時間の向きが逆転するかのいずれかであろう．しかしエントロピー増大則はこの世の経験則だから，この世の経験則を使ってあの世を議論することには無理がある．

エントロピーは熱力学で最も難解な基本概念とされる．西洋思想では不変な実体を想定してこれを基本概念とするのが通例である．例えば力学ではエネルギーや運動量のような保存量を基本概念とする．この西洋思想に基づき，エントロピー流の理想的部分 $\tilde{S}^{ideal}$ に対応する状態量としてエントロピーが導入された．しかしエントロピーは，必ずしも保存量ではなく，孤立系が非平衡状態から平衡状態に変化する際に全エントロピーが増大する．不変な実体を想定

してこれを基本概念とすることに慣れている西洋思想では，保存量ではなく，時の経過とともに増大する量を基本的概念とすることは受け容れ難い．

逆に東洋思想では無常観に見られるように変化に慣れているどころか，不変な実体を想定してこれを基本概念とすることよりも変化を是認することを至高とする．したがってエントロピーは東洋思想では受け容れやすい概念である．

例題 1 2つの熱源の間を一定熱容量 C の物体が体積不変で往復運動する場合を考え，熱源のエントロピー変化を議論せよ．

解 始めに低温 T_C の熱源と熱平衡になっているとしよう．次にこの物体が高温 T_H の熱源に接触する．熱平衡に達するまでに，高温熱源からこの物体に $C(T_H - T_C)$ だけのエネルギーが熱の形で移動するので，高温熱源のエントロピーは

$$\frac{C(T_H - T_C)}{T_H} = \left(1 - \frac{T_C}{T_H}\right)C$$

だけ減少する．物体が高温熱源と熱平衡に達した後に，この物体を低温熱源に接触させる．熱平衡に達するまでに，低温熱源はこの物体から $C(T_H - T_C)$ だけのエネルギーを熱の形で受け取るので，低温熱源のエントロピーは

$$\frac{C(T_H - T_C)}{T_C} = \left(\frac{T_H}{T_C} - 1\right)C$$

だけ増加する．物体が低温熱源と熱平衡になると物体の温度は T_C になる．

この1サイクルで物体の状態は完全にもとの状態に戻った．しかし熱源の状態は初めとは異なる．高温熱源のエントロピーは減少し，低温熱源のエントロピーが増加している．熱源の全エントロピーは

$$\left(\frac{T_H}{T_C} - 1\right)C - \left(1 - \frac{T_C}{T_H}\right)C = \left(\frac{T_H}{T_C} + \frac{T_C}{T_H} - 2\right)C$$

だけ増えている．これがクラウジウスの「高温の熱」から「低温の熱」への「変換の当量」である．

$$\frac{T_H}{T_C} + \frac{T_C}{T_H} > 2$$

に注意すると熱源の全エントロピー変化が正であることは明らかである．

8.5 エントロピー増大則

例題 2 温度が T_C, T_M, T_H の 3 個の熱源があり，$T_C < T_M < T_H$ となっている．一定熱容量 C の物体が体積不変でこの 3 個の熱源を順番にわたり歩きもとへ戻る場合を考え，「熱」の移動と熱源のエントロピー変化とを議論せよ．

解 例題 1 により，温度 T_H の熱源は $C(T_H - T_M)$ だけの「熱」を失い，温度 T_C の熱源は $C(T_M - T_C)$ だけの「熱」を受け取る．温度 T_M の熱源が受け取る「熱」は

$$C(T_H - T_M) - C(T_M - T_C) = C(T_H + T_C - 2T_M)$$

である．つまり温度 T_H の熱源で失われた「熱」は温度 T_M の熱源と温度 T_C の熱源とに配分される．$T_M < T_H + T_C$ では温度 T_M の熱源は「熱」を吸収し，逆に，$T_M > T_H + T_C$ では温度 T_M の熱源は「熱」を放出する．特に T_M が T_H と T_C との相加平均に等しければ温度 T_M の熱源が受け取る「熱」は零である．

温度 T_H の熱源は $C(1 - T_M/T_H)$ だけのエントロピーを失い，温度 T_C の熱源は $C(T_M/T_C - 1)$ だけのエントロピーを受け取る．温度 T_M の熱源が受け取るエントロピーは

$$C\left(\frac{T_H + T_C}{T_M} - 2\right)$$

である．

全熱源のエントロピーは

$$C\left(\frac{T_H + T_C}{T_M} - 2\right) + C\left(\frac{T_M}{T_C} - 1\right) - C\left(1 - \frac{T_M}{T_H}\right)$$
$$= C\left(\frac{T_C}{T_M} + \frac{T_M}{T_C} + \frac{T_H}{T_M} + \frac{T_M}{T_H} - 4\right)$$

だけ増える．

$$\frac{T_C}{T_M} + \frac{T_M}{T_C} \geq 2, \quad \frac{T_H}{T_M} + \frac{T_M}{T_H} \geq 2$$

に注意すると，熱源の全エントロピー変化が正であることは明らかである．

熱源の全エントロピー変化を T_M の関数として考えると，T_M が T_C や T_H に一致する場合には，例題 1 と同じである．

熱源の全エントロピー変化を T_M で微分すると

$$\frac{d}{dT_M}C\left(\frac{T_C}{T_M}+\frac{T_M}{T_C}+\frac{T_H}{T_M}+\frac{T_M}{T_H}-4\right)=C\left(\frac{1}{T_C}+\frac{1}{T_H}-\frac{T_C+T_H}{T_M^2}\right)$$

となる．これは $T_M=\sqrt{T_C T_H}$ のところで零となる．さらに T_M で微分すると

$$\frac{d^2}{dT_M^2}C\left(\frac{T_C}{T_M}+\frac{T_M}{T_C}+\frac{T_H}{T_M}+\frac{T_M}{T_H}-4\right)=C\left(2\frac{T_C+T_H}{T_M^3}\right)>0$$

となる．したがって，$T_M=\sqrt{T_C T_H}$ のところで熱源の全エントロピー変化は極小値

$$2C\left(\sqrt{\frac{T_C}{T_H}}+\sqrt{\frac{T_H}{T_C}}-2\right)$$

をとる．

　例題1とくらべると，中間温度 T_M の熱源がある方が熱源の全エントロピー変化は小さく，これを最小にするには中間温度 T_M を T_C と T_H との相乗平均に選ぶ．$T_M=\sqrt{T_C T_H}$ では相乗平均は相加平均より小さいので中間温度 T_M の熱源は「熱」を吸収している．

　このことは熱機関の並列多段化で重要な意味をもつ．2つの温度 T_C と T_H との間で動作する熱機関に中間温度 T_M の熱源を設置する．2つの温度 T_C と T_H との間で動作する熱機関1に温度 T_M と T_H（あるいは T_C）との間で動作する熱機関2を並列接続すると，熱機関1の損失が小さくなり，中間温度 T_M を T_C と T_H との相乗平均に選ぶと熱機関1の損失が最小になる．例えば，3 K と 300 K の間で動作する冷凍機1では中間温度 T_M を 30 K として 30 K と 300 K の間で動作する冷凍機2を併用すると冷凍機1の損失が最小になることが期待される．また 1000 K と 300 K の間で動作する原動機1でも中間温度 T_M が 550 K になるように冷却すると原動機1の損失が小さくなる．冷却で得られた 550 K の熱を 550 K と 300 K の間で動作する別の原動機2に供給すればよい．最後に，損失が最小になる中間温度が 300 K となるように，550 K と 200 K との間で動作する熱機関を考える．550 K と 300 K との間では原動機として働き，300 K と 200 K との間では冷凍機とし働くようなビルミエ機関を想像すればよい．中間温度での冷却は水冷あるいは空冷として 300 K の「熱」を暖房に使う．

8.6 まとめ

時刻に依存するエントロピー流の理想部分 $\tilde{S}^{ideal}$ に対応する示量性状態量として新しい示量性状態量エントロピーが導入された：

$$\frac{\partial S}{\partial t} + \operatorname{div} \tilde{S}^{ideal} = 0 \tag{8.3}$$

物体に対する熱力学第一法則は，単位質量あたりの示量性状態量で書くと，準静的変化では

$$dU = T\,dS - p\,dV$$

である．準静的変化ではエントロピーは温度に対応する示量性状態量なので熱力学第一法則の確立とともに現れた 3 番目の問題が解決された．

18 世紀にブラックが導入した潜熱と熱容量という 2 つの概念が 1 世紀後にエントロピーという 1 つの概念で理解できるようになった：

$$L = T\Delta S \tag{8.7}$$

$$\begin{aligned} C_V &= T\left(\frac{\partial S}{\partial T}\right)_V \\ C_p &= T\left(\frac{\partial S}{\partial T}\right)_p \end{aligned} \tag{8.8}$$

孤立系の全エントロピー S_{total} は増大することがあっても，決して減少することがない，という経験則（$dS_{total}/dt \geq 0$）が出現した．これはエントロピー増大則と呼ばれている．エントロピー増大則は時間の方向を規定する．非平衡状態にある孤立系の全エントロピーは増大して平衡状態に至る．平衡状態では孤立系の全エントロピーは時刻に依存しない．

第9章
エントロピー生成

エントロピー流増大則とエントロピー増大則との関係を調べて，両者を含む形に熱力学第二法則を一般化する．また，新たな基本法則としてエントロピー生成最小の法則が登場する．

9.1 はじめに

　第8章ではエントロピーという新しい示量性状態量が導入されるとともに，エントロピーに関わる経験則として，エントロピー増大則が登場した．エントロピー増大則は孤立系に関わる法則であり，時間の向きを定める．平衡状態にある孤立系では孤立系の全エントロピーが時刻に依存しない．

　第3～7章では熱力学第二法則はエントロピー流増大則だった．つまり初期の熱力学第二法則は定常状態でのエントロピー流に関わる経験則である．

　しかし，エントロピー増大則もしばしば熱力学第二法則と呼ばれている．このことはエントロピー流増大則との間に密接な関係があることを示唆している．ここでは，エントロピー流増大則とエントロピー増大則との関係を調べることから始める．

9.2 エントロピー流増大則

　エントロピー流増大則はエントロピー増大則にくらべれば局所的な経験則であって，定常状態のエントロピー流 $\tilde{S}$ は下流では上流よりも小さくなることがないという経験則である．このことを数式で表現すると，

$$\operatorname{div} \tilde{S} \geq 0 \tag{9.1}$$

となる．有限のエントロピー流増大 $\operatorname{div} \tilde{S}$ は非平衡定常状態を特徴づける量である．平衡状態では孤立系内部の至る所で等号が成り立つ．

次に熱機関についてエントロピー流増大則を調べよう．熱機関にはゼーベック効果のように状態量が時刻に依存しない定常熱機関と通常の熱機関のように作業物質が周期的に運動する周期的熱機関とがある．この2種類の熱機関についてエントロピー流増大則を調べる．

定常熱機関では，任意の位置で単位体積あたりのエントロピー S は時刻に依存しない

$$\frac{\partial S}{\partial t} = 0$$

ので，エントロピー流増大則(9.1)を

$$\frac{\partial S}{\partial t} + \operatorname{div} \tilde{S} \geq 0 \tag{9.2}$$

と書き換えることができる．特に理想的熱機関では等号が成り立つ．これはエントロピー流増大則(9.1)を形式的に拡張しただけである．

周期的熱機関では，作業物体の状態は1周期後には完全にもとの状態に戻る．したがって，この熱機関の内部では，その任意の位置で

$$\oint \frac{\partial S}{\partial t} dt = \oint dS = 0 \tag{9.3}$$

である．作業物体の状態量が周期的に変動する熱機関でも，1周期にわたる時間平均を考えれば，定常状態である．したがって，エントロピー流増大則は，周期的熱機関に対しては，

$$\operatorname{div} \oint \tilde{S} \, dt \geq 0 \tag{9.4}$$

である．(9.3)を考慮すると，エントロピー流増大則(9.4)を

$$\oint \left(\frac{\partial S}{\partial t} + \operatorname{div} \tilde{S} \right) dt \geq 0 \tag{9.5}$$

と書き換えることができる．これは周期的熱機関に対して，エントロピー流増大則(9.2)を形式的に拡張しただけである．特に理想的熱機関では等号が成り

立つ．1周期にわたる時間平均を考えることは時間についての粗視化である．

9.3 エントロピー流増大則の新しい表現

クラウジウスが示量状態量としてのエントロピーを導入したときにはエントロピー流を2つの部分に分けた：

$$\tilde{S} = \tilde{S}^{ideal} + \tilde{s} \tag{9.6}$$

ここで，$\tilde{S}^{ideal}$ と $\tilde{s}$ とはそれぞれエントロピー流の理想部分と無駄やエントロピー流である．理想的熱機関では無駄なエントロピー流 $\tilde{s}$ がないので，$\tilde{S} = \tilde{S}^{ideal}$ である．ここで $\sigma_S \equiv \mathrm{div}\,\tilde{s}$ という量に着目すると，(9.6)から

$$\sigma_S = \mathrm{div}\,\tilde{S} - \mathrm{div}\,\tilde{S}^{ideal} \tag{9.7}$$

である．理想的熱機関では $\tilde{S} = \tilde{S}^{ideal}$ なので $\sigma_S = 0$ である．したがって，σ_S は局所的な無駄の程度を表している量である．σ_S をとりあえず局所的無駄と呼ぶことにしよう．

クラウジウスがエントロピーを導入したときは

$$\frac{\partial S}{\partial t} + \mathrm{div}\,\tilde{S}^{ideal} = 0$$

を満足する示量性状態としてエントロピー S を導入したことを思い出すと，(9.7)は

$$\sigma_S \equiv \frac{\partial S}{\partial t} + \mathrm{div}\,\tilde{S} \tag{9.8}$$

と同じである．したがって，局所的無駄 σ_S は局所的なエントロピー変動 $\partial S/\partial t$ とエントロピー流増大 $\mathrm{div}\,\tilde{S}$ とで表現された．(9.8)は抽象概念としてのエントロピーは，示量性状態量 S の時間変化とエントロピー流 $\tilde{S}$ の空間変化の形で顕現し，局所的無駄 σ_S が零の場合にのみ抽象概念としてのエントロピーが保存量であることを意味する．

(9.8)で定義された局所的無駄 σ_S には理想的エントロピー流 $\tilde{S}^{ideal}$ と無駄なエントロピー流 $\tilde{s}$ が現れていないことに注意してほしい．以後の議論では $\tilde{S}^{ideal}$ と $\tilde{s}$ が現れない．

(9.8)を使うとエントロピー流増大則は局所的無駄 σ_S を使って表現することができる．エントロピー流増大則(9.2)は，定常状態では，

$$\sigma_S \geq 0 \tag{9.9}$$

であり，周期的現象では，

$$\oint \sigma_S \, dt \geq 0 \tag{9.10}$$

となる．理想的熱機関では $\sigma_S=0$ なので，(9.9)や(9.10)で等号が成り立つ．(9.9)や(9.10)はエントロピー流増大則の新しい表現である．

9.4 エントロピー増大則の新しい表現

エントロピー増大則は孤立系の全エントロピーの時間変化を表す．エントロピー増大則は非常に巨視的であって，エントロピーが時の経過とともに減少しているように見える現象でも，その外側の外界のエントロピーを考慮すれば，孤立系の全エントロピーが時の経過とともに増えているという経験則である．孤立系が平衡状態に達すると孤立系の全エントロピーは時刻によらなくなる．エントロピー増大則の数式表現は，孤立系の全エントロピーを S_{total}, 時刻を t とすると，

$$\frac{dS_{total}}{dt} \geq 0$$

である．有限の dS_{total}/dt は孤立系の非平衡状態を特徴づける量である．非平衡状態では $dS_{total}/dt > 0$ だが，平衡状態では $dS_{total}/dt = 0$ なので，孤立系のエントロピーは平衡状態で最大になる．

エントロピーは示量性状態量なので，孤立系の全エントロピー S_{total} は単位体積あたりのエントロピー S を孤立系内部の全空間で積分したものに等しい：

$$S_{total} = \int_{孤立系} S \, dV$$

したがって，その時間変化は

$$\frac{dS_{total}}{dt} = \int_{孤立系} \frac{\partial S}{\partial t} dV$$

9.4 エントロピー増大則の新しい表現

である.これはエントロピー増大則により非負である.

$$\frac{dS_{total}}{dt} = \int_{孤立系} \frac{\partial S}{\partial t} dV \geq 0 \tag{9.11}$$

平衡状態では等号が成り立つ.$\partial S/\partial t$ は,正とは限らず負になるところもあるが,孤立系全体で積分すると負になることがない.

エントロピー増大則が適用できるのは孤立系に限られている.孤立系を考えることは思考上は便利だが,孤立系を外から観測することはできない.観測には多少ともエントロピーのやりとりを伴うからである.したがって,孤立系を観測しようと思うなら,観測機器や観測者も孤立系の内部に含まなければならない.孤立系が非常に大きくて,観測機器や観測者が孤立系に与える影響が無視できるくらい小さい場合にのみ,観測機器や観測者が孤立系の内部にあっても,観測結果を観測機器や観測者を取り除いた孤立系に関わると判断して差し支えないのだろう.

孤立系では,流出するエントロピーの受け皿がないし,外部からエントロピーが流れ込むこともできない.つまり孤立系では

$$\int_{孤立系} \text{div} \, \tilde{S} \, dV = 0 \tag{9.12}$$

である.これは孤立系の重要な性質の1つである.

エントロピー増大則は(9.11)も局所的無駄 σ_s を使って表現することができる.(9.8)を孤立系の全体積で積分すると

$$\int_{孤立系} \sigma_s dV = \int_{孤立系} \frac{\partial S}{\partial t} dV + \int_{孤立系} \text{div} \, \tilde{S} \, dV$$

となる.右辺第2項は(9.12)により零である.右辺第1項に(9.11)を使うと,エントロピー増大則は

$$\int_{孤立系} \sigma_s dV \geq 0 \tag{9.13}$$

となる.つまり,局所的無駄 σ_s を孤立系の全体積で体積積分した量は負になることがない.これはエントロピー増大則の新しい表現である.

9.5 熱力学第二法則

エントロピー流増大則とエントロピー増大則とはいずれも局所的無駄

$$\sigma_S \equiv \frac{\partial S}{\partial t} + \operatorname{div} \tilde{S} \tag{9.8}$$

を使って表現することができた．エントロピー流増大則は，定常状態では

$$\sigma_S \geq 0 \tag{9.9}$$

であり，周期的現象では

$$\oint \sigma_S dt \geq 0 \tag{9.10}$$

である．また，エントロピー増大則は

$$\int_{孤立系} \sigma_S dV \geq 0 \tag{9.13}$$

である．

したがって，定常状態や周期的現象だけでなく，一般の場合にも

$$\sigma_S \geq 0 \tag{9.14}$$

を要請すると，エントロピー流増大則とエントロピー増大則とを導くことができる．定常状態 ($\partial S/\partial t = 0$) では (9.14) はエントロピー流増大則 (9.9) そのものである．周期的現象では，(9.8) を1周期にわたり時間積分して (9.14) を使うとエントロピー流増大則 (9.10) が得られる．(9.8) を孤立系全体では体積積分し，孤立系の性質 (9.12) とともに (9.14) を使うと，エントロピー増大則 (9.13) が導ける．

このように，(9.8) で定義された局所的無駄 σ_S に対して (9.14) を要請すると，エントロピー流増大則とエントロピー増大則とが導出されるので，(9.14) を熱力学の基本法則として受け容れ，熱力学第二法則と呼ぶことにしよう．言い換えると，エントロピー流増大則もエントロピー増大則も熱力学第二法則から導かれる誘導法則に格下げされたことになる．

抽象概念としてのエントロピーは示量性状態量としてのエントロピーとエントロピー流と局所的無駄の形で顕現する．局所的無駄 σ_S の定義 (9.8) により，

局所的無駄がない（$\sigma_S=0$）場合には，

$$\frac{\partial S}{\partial t}+\mathrm{div}\,\tilde{S}=0$$

となる．このことは局所的無駄がない場合には抽象概念としてのエントロピーが保存量のように振舞うことを意味する．したがって，熱力学第二法則(9.14)は「抽象概念としてのエントロピーは，一般的には保存量ではなく，増大する量である」ことを簡潔に表現している．

9.6　局所的エントロピー生成率

単位時間あたりの孤立系の全エントロピー増大 dS_{total}/dt は孤立系のエントロピー生成率（entropy production rate）と呼ばれている．これと局所的無駄 σ_S とを結びつける関係

$$\int_{孤立系}\sigma_S dV=\frac{dS_{total}}{dt} \tag{9.13}$$

は，局所的無駄 σ_S が局所的エントロピー生成率（local entropy production rate）であることを意味する[注1]．局所的エントロピー生成率 σ_S は，平衡状態では，至る所で零である．

エントロピー生成（entropy production）という言葉は，熱力学第二法則(9.14)に直結するだけでなく，抽象概念としてのエントロピーが一般的には，保存量ではなく，増大する量であることを意識させる上で具合がよい．また，エントロピー生成率という言葉には自動的に時間の向きについての概念を含んでいる．こういうわけで，今後は局所的無駄 σ_S を局所的エントロピー生成率と呼ぶことにする．σ_S の定義(9.8)はこれまで通りである．σ_S の呼称を変えただけである．

[注1]　局所的エントロピー生成率という言葉は非平衡状態の熱力学を扱う教科書にも出てくる．局所的エントロピー生成率を孤立系内部の全空間で積分したものが孤立系のエントロピー生成率に等しいという意味では同じである．しかし通常の教科書では，エントロピー流を別の意味に使っているので，局所的なエントロピー生成率とエントロピー流との関係は遙かに複雑である．

熱力学第二法則(9.14)は，$\sigma_S<0$ の世界は現実には存在しないことを主張している．したがって，あの世があるならそこでは $\sigma_S<0$ でありエントロピー消滅が生じる可能性があるが，熱力学第二法則はこの世の経験則なので，この世の経験則を使ってあの世を語ることは無理がある．この世とあの世の境界は $\sigma_S=0$ であり，そこでは抽象概念としてのエントロピーが保存量のように振舞う．純粋力学と平衡状態の熱力学はエントロピー生成のないこの世の端 $\sigma_S=0$ だけを議論している．

エントロピー生成は，状態量でも移動量でもない，文字通り生成量である．有限な生成量の出現により，生成の科学が熱力学の範疇に入ってきたことは注目に値する．

9.7 仕事浴と熱浴

孤立系を2つの部分系に分けて考えよう．部分系の体積をそれぞれ V_1, V_2 とすると，全系は孤立系なので片方の部分系から流出するエントロピーがすべて残りの部分系で吸収されている：

$$\int_{V_1} \text{div}\,\tilde{S}\,dV + \int_{V_2} \text{div}\,\tilde{S}\,dV = 0$$

したがって

$$\int_{V_1}\left(\sigma_S - \frac{\partial S}{\partial t}\right)dV + \int_{V_2}\left(\sigma_S - \frac{\partial S}{\partial t}\right)dV = 0$$

である．

ここで特殊な部分系を導入しよう．特殊とは抽象概念としてのエントロピーがあたかも保存量であるかのように振舞う仮想的な部分系であり，この部分系の内部ではエントロピー生成がない ($\sigma_S=0$) ことを意味する．

特殊な部分系としてここでは熱浴と仕事浴とを考える．

仕事浴はその表面を通して「仕事」のみ授受して，エントロピーや質量の授受は行わない特殊な部分系である．仕事浴は特殊な部分系なので仕事浴の内部ではエントロピー生成がない．

9.7 仕事浴と熱浴

熱浴は温度が一様で熱浴の表面を通してエントロピーの授受のみ行い,「仕事」や質量の授受は行わない．熱浴のエントロピーは，流入したエントロピーだけ増加し，流出したエントロピーだけ減少する．熱浴は特殊な部分系だからである．

体積 V_2 の部分系が熱浴の場合には

$$\int_{V_1}\left(\sigma_S - \frac{\partial S}{\partial t}\right)dV - \int_{V_2}\frac{\partial S}{\partial t}dV = 0$$

となるので

$$\int_{V_1+V_2}\frac{\partial S}{\partial t}dV = \int_{V_1}\sigma_S\,dV$$

である．つまり熱浴を含む孤立系のエントロピー生成は，熱浴以外での局所的エントロピー生成率の体積積分に等しい．特に，熱浴以外の部分系 V_1 が定常状態なら，そこではエントロピー変化がないがエントロピー生成率は有限であり，部分系 V_1 で生成されたエントロピーはすべて熱浴で吸収される．

例題 1 温度の異なる2つの熱浴を熱伝導度の有限な棒でつないだ孤立系を考えて，エントロピー増大則が成り立っていることを示せ．

解 高温の熱浴から $\tilde{S}_H$ が流出し，低温熱浴で $\tilde{S}_C$ が吸収される．高温熱浴のエントロピー変化は

$$\frac{dS_H}{dt} = -\tilde{S}_H$$

であり，低温熱浴のエントロピー変化は

$$\frac{dS_C}{dt} = \tilde{S}_C$$

なので，全熱浴のエントロピー変化は

$$\frac{dS_H}{dt} + \frac{dS_C}{dt} = \tilde{S}_C - \tilde{S}_H$$

である．

棒の単位体積あたりのエントロピーを S とすると，棒から単位時間に流出するエントロピー $\tilde{S}_C - \tilde{S}_H$ は

$$\int \left(\sigma_s - \frac{\partial S}{\partial t}\right) dV$$

に等しい．積分領域は棒の全体積である．

したがって，全熱浴と棒を合わせた孤立系の全エントロピー変化は

$$\frac{dS_{total}}{dt} = \frac{dS_H}{dt} + \frac{dS_C}{dt} + \int \frac{\partial S}{\partial t} dV = \int \sigma_s dV$$

となり，棒の全エントロピー生成率に等しい．熱力学第二法則により右辺は負になることがないので，孤立系の全エントロピーは減ることがない．

9.8 可逆変化と不可逆変化

非平衡状態にある孤立系は平衡状態に向かって変化するが，平衡状態にある孤立系が非平衡状態に向かって変化することはない．つまり孤立系の変化は不可逆である．孤立系の変化が不可逆なのは局所的エントロピー生成率が正の場所が孤立系内部のどこかに存在するからである．

孤立系のエントロピー生成が有限な変化は不可逆変化と呼ばれ，孤立系のエントロピー生成がない変化は可逆変化と呼ばれる．熱力学的変化が可逆か不可逆かを判定する基準は孤立系のエントロピー生成である．孤立系の中のありとあらゆる場所で局所的エントロピー生成率が零なら可逆変化であり，どこかに局所的エントロピー生成率が有限の場所があるなら不可逆変化である．

断熱変化とは，着目している系にエントロピー流の出入りのない変化である．孤立系の変化は，孤立系の定義により，常に断熱変化である．断熱変化は可逆変化の場合もあるし，不可逆変化の場合もある．気体の断熱自由膨張は断熱不可逆変化の例である．

等温変化とは，着目している系の温度が変化しない変化である．等温変化も可逆変化の場合もあるし，不可逆変化の場合もある．第一種理想気体の断熱膨張や混合は，等温変化であるが不可逆なので，等温不可逆変化である．

9.9 平衡状態と非平衡状態の区別

平衡状態と非平衡状態とは何で区別したらよいのだろうか．

孤立系のエントロピー生成率は

$$\frac{dS_{total}}{dt} = \int_{孤立系} \sigma_s dV \geq 0 \tag{9.13}$$

である．孤立系については dS_{total}/dt が正なら非平衡状態，零なら平衡状態である．したがって，dS_{total}/dt により孤立系の平衡状態と非平衡状態とを区別することができる．すなわち，孤立系のエントロピーの時間変化により孤立系の平衡状態と非平衡状態とを区別することができる．

熱力学第二法則(9.13)は，非平衡状態の孤立系内部には必ずどこかに局所的エントロピー生成率が有限 ($\sigma_s>0$) な場所があることを主張する．仮に孤立系内部の至る所で局所的エントロピー生成がないなら，孤立系のエントロピーは変化しないからである．平衡状態では，孤立系のエントロピーは時刻に依存しないので，孤立系内部の至る所で局所的エントロピー生成率が零でなければならない．

つまり孤立系の平衡状態と非平衡状態とを区別するには，孤立系のエントロピーの時間変化を使ってもよいし，孤立系内部に局所的エントロピー生成率が有限の場所を含むかどうかで判断してもよい．

部分系では平衡状態と非平衡状態とは何で区別したらよいのだろうか．平衡状態ではすべての状態量が時刻に依存しない．しかし部分系の平衡状態ではすべての状態量が時刻に依存しないだけでは不十分で，その内部でエントロピー生成がないことも必要である．例えばある部分系が非平衡定常状態にあるなら，その部分系の状態量は時刻に依存しない．しかし，部分系の内部でエントロピー生成率が有限である．

つまり，部分系の平衡状態と非平衡状態とを区別するには，その内部に局所的エントロピー生成率が有限の場所を含むかどうかで判断することができる．

9.10 エントロピー生成最小の法則

　新たに導入されたエントロピー生成率という概念により，エントロピー流増大則とエントロピー増大則とが熱力学第二法則としてまとめられた．局所的エントロピー生成率が負になることがないことは，定常状態や周期的現象ではエントロピー流増大則となり，孤立系ではエントロピー増大則となる．

　非平衡状態にある孤立系は時の経過とともに平衡状態 ($dS_{total}/dt=0$) に向かって変化する．つまり，

$$\frac{d^2 S_{total}}{dt^2} \leq 0$$

である．非平衡状態では $\sigma_S>0$ の場所を含むが，至る所で $\sigma_S=0$ であるような平衡状態に向かって変化する．この経験事実は

$$\frac{dS_{total}}{dt} = \int_{孤立系} \sigma_S dV \geq 0 \tag{9.13}$$

に注意すると，

$$\frac{d^2 S_{total}}{dt^2} = \frac{d}{dt}\int_{孤立系} \sigma_S dV \leq 0 \tag{9.15}$$

であることを意味する．すなわち非平衡状態にある孤立系のエントロピー生成率は時の経過につれて小さくなり，最終的平衡状態では孤立系のエントロピー生成率が零になる．同じことだが，非平衡状態にある孤立系はエントロピー生成率が最小になるように変化して平衡状態に到達する．

　定常状態でのエントロピー流増大はエントロピー生成に等しい：

$$\Delta \tilde{S}(t) = \int \mathrm{div}\, \tilde{S}(t) dV = \int \sigma_S dV$$

エントロピー流増大最小の法則(第7章)は，安定な定常状態ではエントロピー生成率が最小であることを要求する．つまり可能な定常状態のうちでエントロピー生成率が最小の定常状態が安定である．言い換えると，不安定な定常状態が安定な定常状態に向かって変化する際にはエントロピー生成率が小さくなるように変化して，安定な定常状態に到達する．

いずれにしてもエントロピー生成が最小になるように変化するという新しい経験則であり，エントロピー生成最小の法則と呼ばれている．孤立系の平衡状態はエントロピー生成が零なので安定である．非平衡状態にある孤立系を平衡状態に向かって変化させる原動力はエントロピー生成最小の法則である．任意の定常状態から安定な定常状態に向かって変化させる原動力もエントロピー生成最小の法則である．エントロピー生成最小の法則は熱力学系の安定性を議論する際に特に重要である．

9.11 新しい基本概念

局所的エントロピー生成率は重要な概念である．局所的エントロピー生成率は熱力学第二法則と深い関わりがあるので，エントロピー生成率に着目することで可逆・不可逆の区別や平衡・非平衡の区別ができるし，エントロピー生成率はエントロピー生成最小の法則とも直結していることが判明した．

このように重要な概念は基本概念にするほうがすっきりする．これまでは局所的エントロピー生成率 σ_S はエントロピー S とエントロピー流 $\tilde{S}$ とを基本概念として

$$\sigma_S \equiv \frac{\partial S}{\partial t} + \mathrm{div}\,\tilde{S} \tag{9.8}$$

で定義される誘導概念としてきたが，局所的エントロピー生成率 σ_S を基本概念として採用すると，エントロピー S あるいはエントロピー流 $\tilde{S}$ のどちらかを誘導概念としたくなる．例えばエントロピー S を

$$\frac{\partial S}{\partial t} \equiv \sigma_S - \mathrm{div}\,\tilde{S}$$

で定義されると誘導概念としても差し支えない．実際にクラウジウスがエントロピーを導入した際には，エントロピー流 $\tilde{S}$ を基本概念とし $\sigma_S = 0$ という特殊な場合を想定していたので，クラウジウスによるエントロピーの導入はエントロピー流 $\tilde{S}$ と局所的エントロピー生成率 σ_S とを基本概念として採用したように見える．

ここで、発想を変えよう。右と左とは対概念であってどちらか一方が基本概念であり他方が誘導概念であるということがないように、示量性状態量とこれに関わる移動量と生成量とは一組の関係概念である。ある体積の中の示量性状態量の密度を X、生成率の密度を σ_x とし、この体積の表面を通って出ていく移動量を単位面積あたり $\tilde{j}_x$ とすると

$$\int \frac{\partial X}{\partial t} dV = \int \sigma_x dV - \int \tilde{j}_x dA \tag{9.16}$$

の関係がある。右辺第2項は表面積分である。負号は表面積分の面積要素 dA の向きを外向きに決めたためである。例えばコップに水を入れて放置すると、コップの中の水が少しずつ減少する。この現象を観た人は、水が蒸発すると考える。この場合には水の密度が X であり、水は生成することがないと思っているので、(9.16)の左辺 $\int \frac{\partial X}{\partial t} dV$ を観測して、$\int \tilde{j}_x dA$ を推定する。シャーレの寒天培地でカビを培養するときには、シャーレに蓋をしておいてもカビが増える。この場合にはカビの密度が X であり、カビの増殖率が σ_x であり、カビのシャーレ外への移動量が $\int \tilde{j}_x dA$ である。この現象を観た人は、シャーレに蓋をしておいたので、$\int \tilde{j}_x dA$ は 0 だと判断して、$\int \frac{\partial X}{\partial t} dV$ を観測して $\int \sigma_x dV$ を推定する。

示量性状態量としてのエントロピーとエントロピー流とエントロピー生成とは一組の関係概念であると認識しよう。いずれも基本概念であり、エントロピー密度 S とエントロピー流密度 $\tilde{S}$、局所的エントロピー生成密度 σ_s との間の関係は、

$$\int \frac{\partial S}{\partial t} dV = \int \sigma_s dV - \int \tilde{S} dA \tag{9.17}$$

である。そうすると、孤立系の表面では $\tilde{S} = 0$ なので

$$\int_{\text{孤立系}} \frac{\partial S}{\partial t} dV = \int_{\text{孤立系}} \sigma_s dV \tag{9.18}$$

である。(9.17)に現れた表面積分は体積積分で書ける:

9.11 新しい基本概念

$$\int \tilde{S} dA = \int \mathrm{div}\, \tilde{S}\, dV$$

したがって，(9.17)は

$$\int \left(\frac{\partial S}{\partial t} + \mathrm{div}\, \tilde{S} - \sigma_S \right) dV = 0$$

となる．この積分体積は任意なので，任意の場所で

$$\frac{\partial S}{\partial t} + \mathrm{div}\, \tilde{S} = \sigma_S \tag{9.19}$$

である．特に定常状態では

$$\mathrm{div}\, \tilde{S} = \sigma_S$$

であり，周期的定常状態では

$$\mathrm{div} \oint \tilde{S}\, dt = \oint \sigma_S\, dt$$

である．

歴史的には，最初に認識されたのがエントロピー流であり，次に示量性状態量としてのエントロピーが認識され，最後にエントロピー生成が認識されたが，一組の関係概念がバラバラに認識されたにすぎない．「変換の当量」の名称でエントロピー流が認識された時点で，一組の関係概念として示量性状態量としてのエントロピーとエントロピー生成とが認識されてもおかしくないのだが，示量性状態量と移動量と生成量とを一組の関係概念とする発想がなかったのだろう．

熱力学第二法則という経験則は

$$\sigma_S \geq 0 \tag{9.14}$$

である．つまり熱力学第二法則は局所的エントロピー生成率という生成量に関わる経験則である．

エントロピー生成に関わる自然法則には，熱力学第二法則とエントロピー生成最小の法則の2つがある．この他にもあるかもしれないが，これまでに知られているのはこの2つだけである．

9.12 まとめ

　示量性状態量としてのエントロピーとエントロピー流とエントロピー生成とは一組の関係概念であり，一組の基本概念である．この一組の基本概念に対応する自然法則には熱力学第二法則とエントロピー生成最小の法則がある．

　抽象概念としてのエントロピーは保存量ではなく増大する量である．このことは定常状態でのエントロピー流増大則や孤立系のエントロピー増大則にも現れているが，熱力学第二法則に顕わに表現されている．抽象概念としてのエントロピーが保存量のように見えるのは局所的エントロピー生成率が零の場合に限られる．

　生活体験としての「熱」には「移動量としての熱」と「生成量としての熱」とがあったが「消滅量としての熱」はなかった．「移動量としての熱」をエントロピー流に置き換え，「生成量としての熱」を局所的エントロピー生成率 σ_S に置き換えると，「消滅量としての熱」がないことは局所的エントロピー生成率が負になることはない（熱力学第二法則）と言い換えられた．エントロピー流と局所的エントロピー生成率とはこのように生活体験と密接な関わりがある．

　エントロピー生成に着目すると，可逆変化と不可逆変化とが区別できる．エントロピー生成がないなら可逆変化であり，エントロピー生成が有限なら不可逆変化である．

　エントロピー生成に着目すると，平衡状態と非平衡状態とが区別できる．着目している系の内部でエントロピー生成がないなら平衡状態であり，エントロピー生成が有限なら，その系は非平衡状態である．

　非平衡状態にある孤立系が平衡状態（$dS_{total}/dt = 0$）に向かって変化することとエントロピー流増大最小の法則とは，いずれも，エントロピー生成最小の法則の現れである．エントロピー生成最小の法則は熱力学系の安定性を議論する際に重要である．

余 談

　エントロピー（entropy）を entropy とミスタイプした原稿に出逢ったことがある．トロフィー（trophy）には戦利品，戦勝記念物などの意味があり，「敗退させること」の意味をもつギリシャ語が語源である．エントロピー増大則を「力学的世界観を是とする人智にとって，理想的には可逆変化だけであってほしいが，残念ながら不可逆変化という自然の摂理により人智が敗退させられた結果」と捉えるなら，エントロピー増大則は自然が人智と戦って獲得した戦利品ともいえる．地球温暖化を人類の活動による巨大なエントロピー生成の結果と捉えるなら，地球温暖化に悩む現代人はまさに自然の摂理に負けたといえよう．熱力学的世界観なしに地球温暖化に取り組んでもトロフィーは自然が獲得するだけである．

　福沢諭吉（1835-1901）は，1858年に蘭学塾を開き，1860年に咸臨丸で渡米し，1861年には渡欧し，1867年には渡米している．蘭学塾を移設して慶應義塾と命名したのは1868年のことである．翌年には『訓蒙究理図解』を出版して物理学を重視し，学制頒布(1872)の年には片山淳吉編訳『物理階梯』が出版された．明治初期には物理学は実用の学というよりもむしろ自然観を養う学として重視されていた．このことは当時の小学校のカリキュラムにも反映されている．

　1872年(明治5年)に新橋桜木町間で鉄道が開業した．このときの蒸気機関車は英国製である．北海道で初めて使われた蒸気機関車弁慶号は1880年の米国製である．位置エネルギー（potential energy）という言葉を作り，温度目盛に名を残した W. J. M. ランキンが死んだのも1880年である．ランキンの弟子 H. Deyer が工学担当の英人教師として，1873年から82年まで日本に滞在したので，ランキンの考え方は明治時代の日本で広く受け容れられただろう[注2]．大西洋を横断する海底電線の敷設のときにトムソンの助手を務めたユーイング（J. A. Ewing, 1855-1935）がトムソンの紹介で1878年に来日し，東京大学数物星学科で力学と熱力学とを担当しているので，ユーイングが本格的

な熱力学を日本に伝えたのかもしれない．

しかし「国民教育の根本方針は仁義忠孝の教育にあり，知識技芸はこれに次ぐ」とする元田永孚による教学聖旨(1879)の頃から，教育方針が変化した．明治政府は当時の大御所トムソンのもとに留学生を派遣している．志田林三郎(1855-92)は，トムソンのところに留学(1881-83)し，1888年に電気学会を創立した．田中館愛橘(1856-1952)もトムソンのところに留学(1888-91)しているがトムソンから熱力学を学んだ形跡が見つからない．トムソンのボルチモア講義(1884)に集約されたトムソン哲学は吸収できなかったのだろうか．

この頃の日本ではすでに自然観を養う学としての物理学が実用の学になってしまったのだろうか．森林太郎（鷗外，1862-1922）は「日本は科学を育むことを知らず，ただその果実を食らうことにのみ熱心だ．」（塩谷善雄編集委員，日本経済新聞1995年11月25日）と実学中心の日本を憂慮している．しかし1884年から1888年までドイツに留学していながら電磁気学や熱力学には関心がなかったように見える．

日本の物理学の揺籃期から実験物理・数理物理・地球物理・原子核物理で指導的役割を果たし，1937年に第1回文化勲章を受けた長岡半太郎(1865-1950)が肥後大村藩士の長男として生まれたのは二大現象論にとって記念すべき1865年である．長岡は熱力学講義を1884年に受講しているが，ユーイングはすでに帰国していて，誰が熱力学講義を担当したのか不明である[注3]．ヘルツの実験(1888)やマルコーニの無線通信(1896)をそれぞれ1年遅れで日本に紹介したのも長岡である．マクスウェルの電磁気学が日本に導入されたのはこの頃だろう．

20世紀の物理学への転換期に古典物理学を指向した寺田寅彦(1878-1935)はマッハの「熱学」を読んでいるし，「物質とエネルギー」(1915)，「時の観念

[注2] (前頁注)　1886年に発行された『蘭均氏汽機学』は，ランキンの著作 A manual of the steam engine and other prime movers (1859) の文部省訳だからエントロピー概念はまだ出てこない．エントロピー概念の日本への導入はいつ頃だったのだろうか．

[注3]　板倉聖宣，木村東作，八木江里著『長岡半太郎伝』(朝日新聞社，1973)

とエントロピーならびにプロバビリティー」(1917)などの随筆を書いている．20世紀の初めには物理学の基礎としての熱力学やエントロピーの統計力学的解釈が日本にきちんと伝わっていたのだろう．寺田寅彦も戦前の理科教育を批判している．

第10章
熱力学の基本的枠組み

ブラックからクラウジウスまで1世紀かかって，熱力学の基本概念とこれに対応する基本法則とが出揃った．ここでは，熱力学の基本的枠組を整理する．

10.1 熱力学の基本法則

10.1.1 示量性状態量と移動量と生成量

熱力学の主役は状態量と移動量と生成量とに大別されるが，示量性状態量と移動量と生成量とは一組の関係概念である．示量性状態量の密度 X と移動量(流)の密度 $\vec{j}_X$ と局所的生成量 σ_X との間の関係は，積分形では

$$\int \frac{\partial X}{\partial t} dV = \int \sigma_X dV - \int \vec{j}_X dA \tag{10.1}$$

である．(10.1)の左辺は体積積分であり，積分領域内での示量性状態量の時間変化を表す．右辺第1項は積分領域内での全生成量である．負号も含めた第2項は，表面積分であり，積分領域の表面を通って流入する量を表す．

特に孤立系では表面積分が0なので，(10.1)から

$$\int_{孤立系} \frac{\partial X}{\partial t} dV = \int_{孤立系} \sigma_X dV \tag{10.2}$$

となる．(10.2)から明らかなように，孤立系の議論では移動量の表面積分が顕わには出てこない．

表面積分を体積積分に変換すると(10.1)は

$$\int \left(\frac{\partial X}{\partial t} + \operatorname{div} \vec{j}_X - \sigma_X \right) dV = 0$$

となる．積分領域の大きさは任意なので，被積分関数は0である．したがって

$$\frac{\partial X}{\partial t} + \mathrm{div}\, \tilde{j}_X = \sigma_X \tag{10.3}$$

である．これは，X と $\tilde{j}_X$ と σ_X との間の関係の微分形であり，任意の場所で成り立つ．(10.3) も示量性状態量と移動量と生成量との関係のイメージを定式化したにすぎない．

定常状態 ($\partial X/\partial t = 0$) では (10.3) から
$$\mathrm{div}\, \tilde{j}_X = \sigma_X \tag{10.4}$$
となる．(10.4) から明らかなように，定常状態では示量性状態量が顕わには出てこない．

状態量が周期的に変化する場合には (10.3) の 1 周期にわたる時間平均は
$$\left\langle \frac{\partial X}{\partial t} \right\rangle_t = \langle \sigma_X \rangle_t - \mathrm{div}\, \langle \tilde{j}_X \rangle_t$$
であるが，
$$\left\langle \frac{dX}{\partial t} \right\rangle_t = 0 \tag{10.5}$$
なので
$$\mathrm{div}\, \langle \tilde{j}_X \rangle_t = \langle \sigma_X \rangle_t \tag{10.6}$$
となる．(10.6) は形式的には (10.4) の時間平均なので，(10.5) となるような状態を周期的定常状態と呼ぶことにする．(10.6) から明らかなように，周期的定常状態では示量性状態量が顕わには出てこない．

ここまでは示量性状態量と移動量と生成量との関係のイメージを定式化したにすぎない．

10.1.2　保存則と熱力学第一法則

保存則はいつも
$$\sigma_X = 0 \tag{10.7}$$
の形に表すことができる．例えば熱学では，単位体積あたりの熱素量を q，熱流密度を $\tilde{Q}$，局所的熱素生成を σ_Q として
$$\frac{\partial q}{\partial t} + \mathrm{div}\, \tilde{Q} = \sigma_Q$$

となる．熱学では不変な実体として「熱素」を想定したので，$\sigma_Q=0$ が当然であり，$\sigma_Q=0$ が熱学の基本法則である（第1章）．熱学の基本法則は不変な実体として「熱素」を想定したことの現れである．

保存則(10.7)が成り立つなら，(10.4)により孤立系内部の示量性状態量の総和は時刻に依存しないし，(10.3)により定常状態($\partial X/\partial t=0$)では

$$\mathrm{div}\, \tilde{j}_X = 0 \tag{10.8}$$

である．つまり保存則(10.7)が成り立つなら，定常状態では，移動量は湧き出すことも吸い込まれることもない．このことも保存則の重要な結果である．

示量性状態量としてのエネルギーと移動量としてのエネルギーと生成量としてのエネルギーは一組の関係概念であり，関係はエネルギー密度 U，エネルギー流密度 $\tilde{H}$，局所的エネルギー生成 σ_U を使って，微分形では

$$\frac{\partial U}{\partial t} + \mathrm{div}\, \tilde{H} = \sigma_U \tag{10.9}$$

である．

熱力学第一法則はエネルギー保存則とも呼ばれているように，

$$\sigma_U = 0 \tag{10.10}$$

を主張している(第2章)が，これは不変な実体を想定したがる西洋思想にとっては当然のことである．しかし，(10.10)で表現される熱力学第一法則は，経験則であり，重要な自然法則である．孤立系の全エネルギーは不変だが，閉鎖系や開放系では，エネルギー変化やエネルギー流が有限となる．定常状態では $\mathrm{div}\, \tilde{H}=0$ である．

エネルギー保存則という言葉に現れたエネルギーは示量性状態量としてのエネルギーでも移動量としてのエネルギー流でもない．エネルギー保存則は(10.10)の形で表現されるので，エネルギー保存則という言葉に現れたエネルギーは抽象概念としてのエネルギーである．

10.1.3　熱力学第二法則とエントロピー生成最小の法則

状態量としてのエントロピー，移動量としてのエントロピー，生成量としてのエントロピーも一組の関係概念であり，関係はエントロピー密度 S，エン

トロピー流密度 $\tilde{S}$, 局所的エントロピー生成 σ_S を使って，微分形では

$$\frac{\partial S}{\partial t} + \mathrm{div}\,\tilde{S} = \sigma_S \tag{10.11}$$

である．

熱力学第二法則は

$$\sigma_S \geq 0 \tag{10.12}$$

である(第9章)．これも重要な自然法則である．定常状態では $\mathrm{div}\,\tilde{S} = \sigma_S$ だから，(10.12)はエントロピー流増大則を表し，孤立系では

$$\int_{\text{孤立系}} \frac{\partial S}{\partial t} dV = \int_{\text{孤立系}} \sigma_S dV$$

だから，(10.12)はエントロピー増大則を表す．(10.12)は抽象概念としてのエントロピーが必ずしも保存量ではないことを主張している．平衡状態では任意の場所で $\sigma_S = 0$ である．非平衡状態では熱力学的状態が変化するが，孤立系内の任意の場所で $\sigma_S = 0$ なら可逆変化であり，どこかに $\sigma_S > 0$ の場所が存在するなら不可逆変化である．

熱力学第二法則は局所的エントロピー生成率 σ_S が負にならないことを主張する経験則であり，これも重要な自然法則である．熱力学第二法則により，抽象概念としてのエントロピーは保存量ではない．運動量やエネルギーなどの保存量が重要な役割を果たす力学と，非保存量が重要な役割を果たす熱力学との基本的相違がここに鮮明に現れている．熱力学第二法則から非平衡状態にある孤立系のエントロピーが増大することと定常状態でのエントロピー流増大則とが導かれた(第9章)．

局所的エントロピー生成率 σ_S が有限なら時間の方向が定まる．局所的エントロピー生成率 σ_S は，平衡状態では零であり，非平衡状態では有限である．

局所的エントロピー生成率 σ_S に関わる法則には，熱力学第二法則だけでなく，エントロピー生成最小の法則もある．これも重要な自然法則である．非平衡状態が変化する場合には，エントロピー生成が小さくなるように変化する．非平衡状態にある孤立系が平衡状態に向かって変化したり，任意の定常状態が安定な定常状態に向かって変化するのはエントロピー生成最小の法則の現れで

ある．エントロピー生成最小の法則は，非平衡状態にある孤立系が平衡状態に向かって変化するという事実を含むだけでなく，拘束条件を満足するさまざまな非平衡状態の中からエントロピー生成が最小となるような非平衡状態を自然が選び出すための選択基準ともなる(第9章)．

10.2　熱力学第一法則と熱力学第二法則との関係

　熱力学第二法則とエントロピー生成最小の法則とはエントロピー生成という共通概念を含むが，熱力学第一法則と熱力学第二法則とには共通概念が存在しない．この意味で，熱力学第一法則と熱力学第二法則とは完全に独立な法則である．両者を独立に使う場合には差し支えないが，両方とも使う場合には具合が悪い．

　抽象概念としてのエネルギーに関わる一組の関係概念と，抽象概念としてのエントロピーに関わる一組の関係概念との間を結びつけるのが熱流，仕事流，温度である．

10.2.1　定常状態

　定常状態では

$$\begin{cases} \tilde{Q} = T\tilde{S} \\ \tilde{I} = \tilde{H} - \tilde{Q} = \tilde{H} - T\tilde{S} \end{cases} \quad (10.13)$$

である．つまり，熱流はエントロピー流に比例し，比例係数が温度である．

　(10.13)の第1式から

$$\mathrm{div}\,\tilde{S} = \frac{1}{T}(\mathrm{div}\,\tilde{Q} - \tilde{S}\,\mathrm{grad}\,T)$$

となる．定常状態 ($\partial S/\partial t = 0$) では

$$\sigma_S = \mathrm{div}\,\tilde{S}$$

なので

$$\sigma_S = \frac{1}{T}(\mathrm{div}\,\tilde{Q} - \tilde{S}\,\mathrm{grad}\,T) \quad (10.14)$$

である．熱力学第二法則(10.12)により，
$$\mathrm{div}\,\tilde{Q} - \tilde{S}\,\mathrm{grad}\,T \geq 0$$
である．したがって，一様温度($\mathrm{grad}\,T=0$)の定常状態では発熱することはあるが吸熱することはない．また熱流束密度が一様な定常状態では，エントロピー流の向きすなわち熱流の向きは温度の高い方から低い方へ向かう方向である．これらは重要な経験事実である．前者「一様温度の定常状態では発熱することはあるが吸熱することはない」はクラウジウスの原理(1850)そのものである．後者「エントロピー流の向き，したがって熱流の向きは温度の高い方から低い方へ向かう方向である」は定常熱伝導現象では当然のこととされている．いずれも(10.13)の第1式と熱力学第二法則(10.12)の結果である．

(10.13)の第2式からは
$$\mathrm{div}\,\tilde{I} = \mathrm{div}\,\tilde{H} - \mathrm{div}\,\tilde{Q}$$
となる．定常状態($\partial U/\partial t = 0$)では熱力学第一法則により
$$\mathrm{div}\,\tilde{H} = 0$$
なので
$$\sigma_S = -\frac{1}{T}(\mathrm{div}\,\tilde{I} + \tilde{S}\,\mathrm{grad}\,T) \tag{10.15}$$
である．したがって，熱力学第二法則(4.7)により
$$\mathrm{div}\,\tilde{I} + \tilde{S}\,\mathrm{grad}\,T \leq 0 \tag{10.16}$$
である．つまり，一様温度($\mathrm{grad}\,T=0$)の定常状態では仕事流は吸い込まれることがあっても湧き出すことはない．このことはトムソンの原理(1851)そのものである．トムソンの原理は熱力学第一法則(3.3)と熱力学第二法則(4.7)の結果である．

定常な熱機関では，
$$\tilde{S}\,\mathrm{grad}\,T\,\mathrm{div}\,\tilde{I} < 0 \tag{10.17}$$
である．原動機では$\mathrm{div}\,\tilde{I} > 0$なので，(10.16)から$\tilde{S}\,\mathrm{grad}\,T < 0$となり，(10.17)が成立している．ヒートポンプでは$\tilde{S}\,\mathrm{grad}\,T > 0$なので，(10.16)から$\mathrm{div}\,\tilde{I} < 0$となり，(10.17)が成立している．

逆に熱機関以外の定常状態では

10.2 熱力学第一法則と熱力学第二法則との関係

$$\tilde{S} \,\mathrm{grad}\, T \,\mathrm{div}\, \tilde{I} \geq 0 \tag{10.18}$$

である。この不等式で等号が成り立つ場合には、$\mathrm{div}\,\tilde{I}=0$ あるいは $\tilde{S}\,\mathrm{grad}\,T=0$ なので、熱機関ではない。$\mathrm{div}\,\tilde{I}\neq 0$ の場合には、(10.14)の両辺に $\mathrm{div}\,\tilde{I}$ を乗じると

$$\sigma_S \,\mathrm{div}\,\tilde{I} = -\frac{1}{T}[\tilde{S}\,\mathrm{grad}\,T\,\mathrm{div}\,\tilde{I} + (\mathrm{div}\,\tilde{I})^2]$$

となる。(10.18)なら、この右辺は負なので、熱力学第二法則により、

$$\begin{cases} \mathrm{div}\,\tilde{I} < 0 \\ \tilde{S}\,\mathrm{grad}\,T \leq 0 \end{cases}$$

となる。この状態は熱機関ではない。いずれにしても(10.18)なら熱機関ではない。

単純熱伝導の場合には $\mathrm{div}\,\tilde{I}=0$ なので(10.15)から

$$\sigma_S = -\tilde{S}\frac{\mathrm{grad}\,T}{T} \tag{10.19}$$

となる。熱伝導度を $\varkappa$ とすると、$\tilde{Q}=-\varkappa\,\mathrm{grad}\,T$ なので、(10.19)から

$$\sigma_S = \varkappa\left(\frac{\mathrm{grad}\,T}{T}\right)^2 = \frac{1}{\varkappa}\tilde{S}^2$$

となる。熱力学第二法則により、熱伝導度は正である。

10.2.2 周期的定常状態

非定常状態の例としてフーリエの非定常熱伝導方程式

$$C\frac{\partial T}{\partial t} + \mathrm{div}\,\tilde{Q} = 0 \tag{10.20}$$

を考えよう。熱伝導では定常・非定常にかかわらず $\mathrm{div}\,\tilde{I}=0$ なので、(10.20)はエネルギー保存則を表している。(10.20)は定常状態と周期的定常状態を議論する際に役立ち、実験結果との一致もよい。熱容量の定義式を使うと、(10.20)は

$$T\frac{\partial S}{\partial t} + \mathrm{div}\,\tilde{Q} = 0$$

となる。この形で周期的定常状態を議論するときにはこの式に現れた T は平

均温度 T_m である．このことを明確にするためにこれを
$$\frac{\partial S}{\partial t} + \frac{\mathrm{div}\,\tilde{Q}}{T_m} = 0 \tag{10.21}$$
と書く．これは定常状態にも使える．(10.21)を(10.11)と比較すると
$$\sigma_S = \mathrm{div}\,\tilde{S} - \frac{\mathrm{div}\,\tilde{Q}}{T_m} \tag{10.22}$$
となる．つまり，(10.21)は局所的エントロピー生成とエントロピー流と熱流との間の関係を与える．(10.22)は形式的に(10.14)と同じであるが，前提条件が異なる．(10.14)は定常状態に関わる関係であり $\mathrm{div}\,\tilde{I} = 0$ とは限らないが，(10.22)は定常状態と周期的定常状態に関わるものであり $\mathrm{div}\,\tilde{I} = 0$ の場合に限られる．

定常状態 ($\partial S/\partial t = 0$) では，(10.21)から
$$\mathrm{div}\,\tilde{Q} = 0$$
となるので，(10.22)から
$$\sigma_S = \mathrm{div}\,\tilde{S} \tag{10.23}$$
となる．これは(10.11)を使ったことの当然の結果である．(10.13)の第1式を使うと，(10.23)から
$$\sigma_S = -\frac{\tilde{S}\,\mathrm{grad}\,T}{T} - \frac{\mathrm{div}\,\tilde{Q}}{T}$$
となる．さらに $\mathrm{div}\,\tilde{Q} = 0$ を考慮すると
$$\sigma_S = -\frac{\tilde{S}\,\mathrm{grad}\,T}{T_m}$$
となる．定常状態では T と T_m とを区別する必要がないので，これは(10.19)と同じである．

エントロピー密度 S が周期的に時間変化する周期的定常状態を考える．1周期にわたる時間平均を考えると
$$\left\langle \frac{\partial S}{\partial t} \right\rangle_t = 0$$
だから，(10.21)から
$$\mathrm{div}\,\langle \tilde{Q} \rangle_t = 0 \tag{10.24}$$

10.2 熱力学第一法則と熱力学第二法則との関係

となる．これを(10.22)の時間平均に代入すると

$$\langle \sigma_S \rangle_t = \mathrm{div} \langle \tilde{S} \rangle_t \tag{10.25}$$

となる．これは定常状態の議論で得られた(10.23)に対応する．

周期的定常状態についても(10.13)の第1式を採用すると，(10.25)から

$$\langle \sigma_S \rangle_t = -\left\langle \frac{\tilde{S}\,\mathrm{grad}\,T}{T} \right\rangle_t - \left\langle \frac{\mathrm{div}\,\tilde{Q}}{T} \right\rangle_t$$

となる．これは(10.19)とはかなり異なる．一般には T と $\tilde{S}$ とは相関があるからである．

周期的定常状態に対しては，(10.13)の第1式の替わりに

$$\tilde{Q} = T_m \tilde{S} \tag{10.26}$$

を採用すると，(10.25)から

$$\langle \sigma_S \rangle_t = -\frac{\langle \tilde{S} \rangle_t \,\mathrm{grad}\, T_m}{T_m} - \frac{\mathrm{div}\langle \tilde{Q} \rangle_t}{T_m}$$

となる．さらに(10.24)を考慮すると

$$\langle \sigma_S \rangle_t = -\frac{\langle \tilde{S} \rangle_t \,\mathrm{grad}\, T_m}{T_m} \tag{10.27}$$

となり，定常状態の議論で得られた(10.19)に対応する．

(10.13)の第1式の替わりに(10.26)を使うと(10.22)から

$$\sigma_S = -\frac{\tilde{S}\,\mathrm{grad}\,T_m}{T_m} \tag{10.28}$$

となる．これを時間平均しても(10.27)となる．

こういうわけで，(10.13)の第1式よりも(10.26)のほうが具合がよい．(10.26)を使えば熱伝導の定常状態と周期的定常状態とが議論できるし，その結果の対応がよいからである．

すなわち，定常状態と周期的定常状態では，

$$\begin{cases} \tilde{Q} = T_m \tilde{S} \\ \tilde{I} = \tilde{H} - \tilde{Q} = \tilde{H} - T_m \tilde{S} \end{cases} \tag{10.29}$$

である．

周期性のない非定常状態の場合には，温度の時間平均 T_m が無意味なので，熱流とエントロピー流とをどのように関連づけたらよいのかは不明である．

10.3 状態量と部分系

　状態量とはそもそも熱力学的平衡状態を記述するために導入された物理量であり，エネルギー，温度，圧力，エントロピー，体積などを指す．状態量は，ある平衡状態では決まった値をもち，別の平衡状態では一般には別の値をとる．

　状態量は示量性状態量と示強性状態量とに分類される．示量性状態量にはエネルギー，エントロピー，質量などがあり，示強性状態量には温度，圧力などがある．温度は約束により正である．圧力と体積は負になることがない．エネルギーとエントロピーの符号はまだ決まらない．示量性の状態量には密度という概念が伴うので体積積分が意味をもつ．またこのために示量性状態量は対応する移動量と生成量とが存在し，示量性状態量と移動量と生成量とは一組の関係概念となる．しかし示強性状態量には密度という概念が伴わない．

　平衡状態ではすべての示強性状態量が一様という特徴があり，このことを熱力学第零法則と呼ぶ．熱力学第零法則は平衡状態を特徴づける法則である．平衡状態でも示量性状態量は一様とは限らない．例えば，二相共存での平衡状態では各相ごとの示量性状態量は異なる．二相共存でも示強性の状態量は一様であり平衡状態を特徴づける．

　全系をいくつかの部分系に分けて考えよう．示強性状態量は平衡状態でのみ各部分系に共通である．したがって，非平衡状態では，全体としての示強性状態量は意味がない．しかし全体としての示量性状態量は，平衡・非平衡に関わりなく，各部分系の和として意味をもつ．この意味で，示量性状態量は示強性状態量よりも基本的な状態量である．

　部分系それ自身が非平衡状態なら，部分系の示強性状態量は存在しない．それ自身で非平衡状態にある部分系の内部にはさまざまな流れが存在する．この流れには物質の拡散も含まれる．部分系がそれ自身では平衡状態にあるために，部分系ごとの示強性状態量が存在するなら，局所平衡と呼ばれる．

　局所平衡では示強性の状態量が一様ではなく，各部分系の境界を通るさまざ

まな流れが存在する．この流れも熱力学第一法則と熱力学第二法則とを満足している．各部分系の境界を通るさまざまな流れがエネルギー流やエントロピー流だけなら，各部分系は閉鎖系であり，質量流も含むなら，各部分系は開放系である．

特殊な部分系として熱浴と仕事浴とがある．

熱浴はエントロピーのみ授受し，「仕事」と物質の授受を行わないような仮想的部分系である．熱浴の温度は一様だが，エネルギーとエントロピーは変化可能である．熱浴の内部ではエントロピー生成がない．体積不変で，熱容量と熱伝導度が無限大の平衡物体は熱浴の例である．理想的温度制御装置によって一定温度に保たれている体積一定の部分系も熱浴の例となる．普通は熱浴を温度だけで特徴づける．熱浴の体積は不変でさえあればその値はどうでもよいからである．

仕事浴は，外界とのエネルギーの授受は「仕事」のみで，「熱」と物質の授受を行わないような仮想的部分系である．仕事浴のエントロピーは一定不変だがエネルギーと体積は変化可能である．仕事浴の内部でもエントロピー生成がない．エントロピーが不変で，圧縮率が無限大の平衡物体は仕事浴の例となる．理想的圧力制御装置によって一定圧力に保たれている部分系も仕事浴の例となるが外界とエントロピーの授受があってはならない．普通は仕事浴を圧力だけで特徴づける．仕事浴のエントロピーは不変でさえあればその値はどうでもよいからである．

10.4 平衡状態と非平衡状態

基本的状態量は示量性状態量であり，平衡・非平衡に関わりない．示量性状態量にはエネルギー U，エントロピー S，体積 V などがある．

基本的移動量はエントロピー流と仕事流である．物質の拡散流もある．

流れには2種類ある．考えている系の内部の流れと，外界からこの系に流れ込んだりこの系から外界に流れ出す外部の流れとである．外部の流れは孤立系では存在しないが，閉鎖系や開放系では存在可能である．

熱力学的状態はエントロピー生成により区別される．エントロピー生成率は平衡状態では零であるが非平衡状態では有限である．逆にエントロピー生成率が零なら平衡状態であり，有限なら非平衡状態である．

定常状態では状態量とエネルギー流とエントロピー流は時刻に依存しないが場所に依存する．孤立系の定常状態は平衡状態である．平衡状態は定常状態であるが，定常状態でも閉鎖系や開放系では平衡状態とは限らない．例えば，定常熱伝導や熱機関の定常運転ではエントロピー生成率が有限なので非平衡状態である．

平衡状態ではエントロピー生成がない替わりに，系全体に共通な示強性状態量が出現する．示強性状態量には温度，圧力などがある．平衡状態では示強性状態量が一様であることは熱力学第零法則と呼ばれている．局所的平衡状態では示強性状態量が一様ではないので局所的平衡状態は場所により異なる平衡状態である．局所的平衡状態などの非平衡状態では，エントロピー生成が有限となり，エントロピー流も有限となる．

熱力学第零法則は平衡状態に関わる経験則であり，すべての示強性状態量が一様であることを主張する．熱力学第零法則の適用範囲は平衡状態に限定されるが，熱力学第一法則と熱力学第二法則とエントロピー生成最小の法則とは平衡・非平衡にかかわらず適用できる．この意味で，熱力学第一法則と熱力学第二法則とエントロピー生成最小の法則とは熱力学第零法則よりも一般的な法則である．

熱力学第零法則により，非平衡状態では少なくとも1つの示強性状態量は一様ではない．示強性状態量のどれか1つでも非一様なら，非平衡状態なので，局所的エントロピー生成が有限となるに相違ない．つまり示強性状態量の非一様性と局所的エントロピー生成とは密接な関係があるに相違ない．

10.5　さまざまな熱力学

以上が熱力学の基本であり，これをもとに平衡系の熱力学，局所平衡系の熱力学，非平衡系の熱力学が進展した．

10.5 さまざまな熱力学

　平衡系の熱力学では平衡状態を議論する．示量性状態量と移動量と生成量とは一組の関係概念であるが，平衡状態では移動量も生成量もない．このために平衡系の熱力学ではエネルギーを，関係概念ではなくて，あたかも独立な基本概念のように扱う．また，平衡状態ではエントロピー生成もエントロピー流も存在しないので，示量性状態量としてのエントロピーも，関係概念ではなくて，あたかも独立な基本概念のように扱う．その代償として，平衡系の熱力学の枠内では，示量性状態量としてのエントロピーとエネルギーは天下りの基本概念となることが避けられない．

　物体の単位質量あたりの示量性状態量の組 (S, U, V) を考える．1つの平衡状態は S-U-V 空間内の1点 (S, U, V) で表現することができる．平衡状態に対応する点 (S, U, V) の集合は1つの平衡曲面

$$f(S, U, V) = 0$$

を形成する．平衡系の熱力学では準静的変化に着目する．準静的変化で成り立つ物体についての熱力学第一法則

$$dU = TdS - pdV$$

はこの平衡曲面に接する接平面の方程式を表すからである．温度や圧力のような示強性状態量はこの接平面の傾きに対応する．異なる平衡状態は平衡曲面上の異なる点で表すことができる．平衡曲面は物質や相に依存する．準静的変化は平衡曲面上での移動である．

　平衡系の熱力学では，平衡曲面の性質を調べて，状態量の間の関係を議論する．これはまさに熱学の伝統である．平衡系の熱力学では状態量が主役であり，エネルギー流やエントロピー流のような移動量はほとんど出番がない．平衡系の熱力学では基本法則は熱力学の第零法則と第一法則であり，エントロピー生成最小の法則は出番がない．平衡状態ではエントロピー生成率が零だから，エントロピー生成最小の法則を忘れても差し支えない．それでも熱力学第二法則は重要な役割を果たす．平衡系の熱力学にとっては熱力学第二法則はエントロピー増大則だけである．

　局所平衡系の熱力学の一部分は流体力学として進歩した．流体力学では局所平衡の仮定のもとに状態量の時間的空間的変化を議論する．局所的平衡状態で

は非一様な示強性状態量が存在するとともにエントロピー流と局所的エントロピー生成率とが有限となる．しかし伝統的な流体力学では平衡状態の熱力学と同様に状態量が主役であり，エントロピー流と局所的エントロピー生成率とは脇役に留められた．流体力学は保存量に着目する力学の一分野として始まったので，エントロピー生成という生成量に着目しようとしなかったのだろう．このために流体力学はどちらかというと非平衡系の熱力学というよりも平衡系の熱力学に近い．

　非平衡系の熱力学は，カルノー以来の熱力学の伝統を受け継ぐものであり，古くて新しい熱力学である．非平衡系の熱力学では，示強性状態量の非一様性とエントロピー生成との間に密接な関係があることが示される．

　非平衡系の熱力学でも，熱力学第一法則が重要であるが，熱力学第二法則とエントロピー生成最小の法則とが特に重要である．非平衡系の熱力学ではエントロピー流増大則や局所的エントロピー生成が大活躍し，エントロピー生成最小の法則が最も重要な法則となる．非平衡系の安定性を議論するにはエントロピー生成最小の法則が欠かせないからである．

　非平衡系の熱力学ではエントロピー流やエネルギー流の空間変化を議論する．非平衡系の熱力学の主役はエントロピー流やエネルギー流などの移動量と局所的エントロピー生成に現れる生成量としてのエントロピーである．熱力学的状態量は脇役となる．非平衡系の熱力学は仕事流，エントロピー流などの移動量と局所的エントロピー生成を基本概念とする流と生成の科学でもある．

　非平衡系の熱力学では下位の階層とどのように接続するかが鍵となる．接続のためには，実験結果に導かれながら，何らかのひらめきが要求される．下位の階層には，例えば熱力学的状態量の時間的空間的変化を記述する流体力学がある．ミクロとマクロという2元論的扱いではなく，自然現象は多層的階層構造からなることに注意して，各階層の間を天啓により結びつけることが必要である．

索　引

あ
アラゴーの回転円盤　25, 141

い
移動量としてのエネルギー　38
移動量としての仕事　14, 18
移動量としての熱　3, 8

う
ヴィリアル展開　77

え
永久機関　14
　　　第一種——　15, 42, 54
　　　第二種——　42, 53, 54
エネルギー　33
エネルギー生成　45
　　　——率　39
エネルギー変換　47
エネルギー保存則　34, 38, 40, 193
エネルギー流　37, 45, 153
　　　——路　47
エントロピー　97, 154
エントロピー生成　177, 181
　　　——最小の法則　183, 194
　　　——率　177, 181
エントロピー増大則　160, 165, 171, 175, 176, 203
エントロピー流　50, 85, 152
　　　——増大最小の法則　137
　　　——増大則　50, 86, 171, 174, 176, 194
　　　——の増幅率　93

お
オームの法則　25, 109
Onsager の相反定理　121
音速　10
温度　5, 195
温度定点　4

か
開放系　45, 201
可逆変化　54, 180, 194
籠型回転子誘導モーター　143
華氏温度目盛　4
カルノー　13, 50
　　　——関数　17, 72, 74
　　　——クラペイロンの定理　20
　　　——効率　17
　　　——定理　79
カロリー　8

き
気化熱　6
基準状態　160
気体温度計　71
　　　——の校正　152
気体分子運動論　152
逆サイクル　16
局所的エネルギー生成　153
　　　——率　39
局所的エネルギー生成率　177, 181
局所的無駄　173, 175, 176
局所平衡　200
　　　——系の熱力学　203
金属　122

く

クラウジウス　15, 19, 34, 51, 152, 155
　　　──クラペイロンの式　19, 73, 79
　　　──の原理　34, 53, 87, 196
　　　──の不等式　62, 80, 86
クラペイロン　18, 20
　　　──クラウジウスの式　37

け

ゲイ・リュサックの法則　29, 71, 158
原動機　16, 100
　　　──の効率　14
顕熱　6

こ

効率　43
　　　カルノー──　17
　　　原動機の──　14
　　　蒸気機関の──　13
孤立系　45, 180, 181, 182, 193

さ

サイクル　21
作業物体　12, 152
3重点　75

し

時間の方向　165
時間の矢　165
示強性の量　5
仕事の散逸　42
仕事浴　178, 201
仕事流　37, 153, 195
周期的熱機関　172
自由膨張　163
ジュール　25
　　　──トムソン係数　78
　　　──トムソン効果　152
　　　──トムソンの細孔栓実験　77
　　　──発熱　26, 30, 88, 110, 143
出力仕事　12
主流路　47
循環過程　15
順サイクル　16
準静的変化　155, 157, 203
蒸気機関の効率　13
蒸気機関の3要素　12
状態量　9
　　　──としてのエネルギー　38, 45
　　　──としての温度　3
示量性状態量　9

す

図示仕事　12, 156

せ

生成量　178
　　　──としての熱　3, 27, 42
成績係数　14, 43
ゼーベック　25
　　　──係数　108
　　　──効果　21, 105, 172
積算電力計　143
摂氏温度目盛　4
潜熱　6, 72, 156
　　　膨張の──　11, 30
　　　融解の──　73

そ

粗視化　173

た

第一種永久機関　15, 42, 54

索引

第一種理想気体　29
第二種永久機関　42, 53, 54
第二種理想気体　158
断熱圧縮率　11
断熱変化　10, 16, 156, 180

ち
超伝導体　122

て
定圧熱容量　156
T-S 線図　156
定常状態　202
定常熱機関　172
定常熱伝導　9, 100
定積熱容量　156
電磁気的仕事　18

と
等エントロピー変化　156
等温圧縮率　10, 28
等温変化　16, 180
統計物理学　100
倒立独楽　141
当量　27
特殊な部分系　178, 179, 201
トムソン　18, 34, 50, 72, 110, 152, 188
　　──係数　114
　　──効果　106
　　──の原理　34, 53, 87, 197
　　──の第一関係式　116
　　──の第二関係式　119

に
入力仕事　30

ね
熱学の基本方程式　11, 20, 30
熱学の目標　7
熱機関　21, 100
　　──の並列多段化　168
熱起電力　106
熱磁気現象　106
熱素　8
　　──保存則　8
熱電気現象　18, 106, 152
熱電素子　128
熱電堆　129
熱電対温度計　128
熱伝導度　9, 89
熱電能　108
熱の仕事当量　13, 27
熱平衡　4
熱膨張率　4, 14
熱容量　5, 156
熱浴　179, 201
熱力学第零法則　5, 200, 202
熱力学第一法則　13, 34, 37, 86, 155, 193, 203
熱力学第二法則　34, 42, 54, 85, 171, 176, 194
熱力学的温度　18, 61, 71, 75
熱力学の目標　21
熱流　37, 153, 195
熱量単位カロリー　32

は
発熱量最小の法則　140
半金属　122
半導体　122

ひ
ヒートポンプ　14, 16, 100

索　引

──の成績係数　14
p-V 線図　156
非平衡系の熱力学　21,204
非平衡状態　194,202
ビルミエ機関　168

ふ
ファーレンハイトの実験　4
ファラデー思想　26
ファンデアワールスの状態方程式　77
フーコー　28
フーリエ方程式　10
不可逆変化　54,180,194
副流路　47
部分系　181
ブラック　4,79
分圧の法則　162

へ
平均自由行程　152
平衡曲面　203
平衡系の熱力学　203
平衡状態　155,194,202
──の熱力学　100
閉鎖系　45,201
ヘスの法則　26
ペルティエ効果　25,105,111
ヘルムホルツ　33
──の主張　34,61
変換　51
──の当量　55,56,83,152

ほ
ポアソンの断熱方程式　159
ボイル　28
──-シャルルの法則　29

──の法則　28
膨張の潜熱　11,30
飽和水蒸気　35
補償　55,56
保存則　192

ま
マーチンの実験　4
マイヤーの関係式　29
摩擦　88
マリオット　28
──の法則　29

ゆ
融解の潜熱　73
誘導モーター　25

ら
ラムフォード伯　27
ランキン　76,187

り
力学　100
理想気体の状態方程式　29
理想サイクル　15
流体力学　203

る
ルシャトゥリエ-ブラウンの法則　148
ルニョー　36,71,72

れ
冷凍機　21

わ
ワット　12

著者略歴

富永　昭（とみなが　あきら）

1942年3月6日生まれ．1966年3月東京大学教養学部基礎科学科卒業．住友金属工業(株)中央技術研究所熔接研究室勤務後，東京教育大学にてヘリウムの臨界現象を研究．1976年4月から筑波大学にて低温物理学と熱音響現象を研究．1990年以降は熱音響現象の研究に専念．理学博士．筑波大学物理学系助教授．

所属学会：日本化学会，日本物理学会，低温工学会

波動冷凍研究会主査(1988～1990年度)，熱音響工学研究会主査（1998～2001年度）

著書：熱音響工学の基礎（内田老鶴圃）

2003年11月25日　第1版　発行

誕生と変遷にまなぶ
熱力学の基礎

著者の了解により検印を省略いたします

著　者 © 富　永　　　昭
発行者　内　田　　　悟
印刷者　山　岡　景　仁

発行所　株式会社　内田老鶴圃　〒112-0012 東京都文京区大塚3丁目34-3
電話（03）3945-6781(代)・FAX（03）3945-6782
印刷・製本/三美印刷K.K.

Published by UCHIDA ROKAKUHO PUBLISHING CO., LTD.
3-34-3 Otsuka, Bunkyo-ku, Tokyo 112-0012, Japan

U.R. No. 529-1

ISBN4-7536-2072-7 C1042

熱音響工学の基礎
富永　昭著　A5・336頁・6000円

基礎物理学　全3巻
奥田　毅・真室哲雄共著　A5 上472頁・2800円　中340頁・2400円　下280頁・1900円

統 計 力 学
松原武生監修　藤井勝彦著　A5・280頁・4800円

現代物理学への道標
信貴豊一郎著　A5・184頁・2300円

やさしくわかる流体の力学
大亀　衛著　A5・120頁・2300円

ポール
理学と工学のための量子力学入門
津川昭良訳　A5・180頁・1700円

ラウドン
光の量子論　第2版
小島忠宣・小島和子共訳　A5・472頁・6000円

ナイト&アレン
量子光学の考え方
氏原紀公雄訳　A5・320頁・3800円

物 理 化 学　演習と解法　全3巻
越山季一著　A5 上416頁・5000円　中296頁・3300円　下272頁・3300円

金属電子論　上・下
水谷宇一郎著　（上）A5・276頁・3000円　（下）A5・272頁・3200円

X 線 構 造 解 析
早稲田嘉夫・松原英一郎著　A5・308頁・3800円

価格は本体価格（税別）です．